U0901804

Ba Jingli Fangzai Gongzuoshang

把所有的精力集中在实现确定的目标上，除此之外，没有什么能让人生充满力量。

把精力放在工作上

向亚云 汤向庆 李亚玲◎著

热忱的态度、专注的精神，是告别平凡人生的起点。

专注、热爱、全心贯注于你所期望的事物上，必有收获。

——爱默生

中国言实出版社

图书在版编目(CIP)数据

把精力放在工作上/向亚云等著. — 北京:中国言实出版社,2013.4

ISBN 978-7-5171-0098-0

Ⅰ.①把… Ⅱ.①向… Ⅲ.①成功心理—通俗读物 Ⅳ.①B848.4—49

中国版本图书馆 CIP 数据核字(2013)第 062546 号

责任编辑:李　生　孙法平

出版发行　中国言实出版社

地　址:北京市朝阳区北苑路 180 号加利大厦 5 号楼 105 室

邮　编:100101

电　话:64966714(发行部)　51147960(邮　购)

64924853(总编室)　56423695(编辑部)

网　址:www.zgyscbs.cn

E-mail:zgyscbs@263.net

经　　销　新华书店

印　　刷　北京市德美印刷厂

版　　次　2013 年 4 月第 1 版　2013 年 4 月第 1 次印刷

规　　格　710 毫米×1000 毫米　1/16　13.75 印张

字　　数　201 千字

定　　价　32.00 元　　ISBN 978-7-5171-0098-0

前言

华人富翁王嘉廉说：一个把精力放在工作上的员工，我们应该发给他双倍的薪水。这告诉我们用心工作的员工是企业的财富，也是企业真正需要的人。从平凡到优秀其实只有一个秘诀，那就是把精力放在工作上。只要用心去做，每个人都能成为最优秀的职业人！

工作中切忌三心二意，心猿意马。把精力放在工作上，反映了一个人的思想境界；把心思用在实干上，体现了一个人的工作作风。每个人的精力都是有限的，不可能面面俱全，集中精力干好其中一件事，比把所有事干成半成品好。把精力放在工作上是以强烈的事业心和责任感对待工作，是把全部精力放在工作上，勤于实干，勤于思考，扎实工作。把精力用到什么地方，反映了一个人的思想境界，体现了一个人的工作作风。

人的精力是有限的，工作之外的事忙多了，用在工作上的心思就必然会减少。因此，工作时应集中精力，不要分心。做事是否集中精力，已成为衡量一个人职业品质的标准之一。只有把集中精力工作当作使命并努力去做，养成集中精力工作的好习惯，你的工作才会变得更有效率，你也更加乐于工作，而且还更容易取得成功。对每一个职场人士来说，这无疑是再好不过的结果。

一个员工把精力放在工作上，才能从中发现问题，并认真研究，找到解决的办法。不论你现在的工作是什么，一个打扫卫生的工人，一个公司老板，你都要以一种美好的精神去对待。只要你把精力放在工作上，再平凡的工作你也不会平凡。把精力放在工作上，用心做好每一件事，是每个员工应该具备的美德。用心待工作，把心思都用在工作上会让你的工作越来越顺手顺心并为进一步发展打下雄厚的基础，也会让同事领导很快的接受你。

一个员工把精力放在工作上，还要杜绝抱怨、远离是非。抱怨是失败的借口，是逃避责任的理由。与其到处抱怨，还不如把时间精力花在冷静反思、认真工作上。这不仅是一个机会，更是你有气度的表现。同时，人在职场，是非难断。因此尽量少去掺和是非，甚至要远离是非。只有这样才能全心全意做好工作。

所以说，把精力放在工作上是员工职业生涯成功的根基。把精力放在工作上是我们事业不断前进的重要经验。我们要把精力放在工作上，就要认真学习、积极思考，善于从学习中认清发展大局和形势，从学习中找准自己的发展定位，进一步丰富理论知识、提高工作本领。我们要把精力放在工作上，就要珍惜工作岗位，勇挑工作重担，把全部智慧和汗水倾注到岗位上，扎扎实实地推动工作取得新发展。

只要有越来越多的员工真正把精力都用到工作上，我们的事业就会出现更加兴旺发达的局面。为此，本书力促广大员工把精力放在工作上，做到一切向任务上聚焦、向务实上聚焦，杜绝虚假浮躁、只说不干，成为努力工作的优秀员工。本书是职场新人最好的成长礼物，优秀员工信奉的职业操守，适合渴望在职场取得成功的广大员工学习。

目录
Contents

第一章　认真踏实，把精力放在工作上

把精力放在工作上就是集中精力，认真工作。认真不仅仅是一种对待事业和人生的态度，一种职业精神，它更是一种重要的能力。认真一旦渗入自己的骨髓，融入自己的血液，你就能焕发出一种神奇的能量。社会发展越来越快，激烈的竞争对人的能力和素质提出了更高的要求。如果我们想把精力放在工作上，就必须把自己培养成一个认真的人。

第二章　心无旁骛，专注于自己的工作

把精力放在工作上，就是要心无旁骛，就是要专心致志，就是要一心一意，不被任何琐事打扰。集中精力投入工作，是一种付出，一种奉献。不管你从事什么样的工作，平凡的也好，令人羡慕的也好，都应该抱着尽心尽责的态度，全身心地投入到工作中去，这样你才能真正把工作做好。

第三章 忠于职守,任何时候都不放弃责任

忠于职守,负起责任,这是最基本的工作要求,也是最高的职业准则。岗位就是责任,这是一句响亮的口号。这是做好一件事的根本,也是赢得企业赏识的前提。一个把精力放在工作上的员工,任何时候都不会忘记自己的责任。不管你是在做一份接线员的工作,还是身担总经理的大任,既然已从事了一种职业,选择了一个岗位,就必须做好它的全部。

第四章 关注细节,把每一件小事都认真做好

一件小事中会有无数个细节问题,做好每一个细节,才能将事做成功。我们正处于一个细节制胜的时代,不管是企业,还是个人,成功很少有轰轰烈烈的时刻,大部分的成功都是建立在一点一滴、日积月累、坚定不移地做好每一个细节之上。决定成败的不再是高瞻远瞩的战略,而是无数的工作细节。

第五章 自动自发，做工作的主人

如果你想取得和老板一样的成就，办法只有一个，那就是积极主动地工作。一名杰出的员工应主动工作，不仅要求自己满意、别人满意，而且要超过别人对自己的期望，并随着企业和自身的发展把内心的标准提得越来越高，不断学习新知识，积累新经验，从而使自己获得成长。一个总能把工作做得比老板预想的还好的员工，将会征服任何一个老板。

第六章 智慧工作，集中精力解决问题

工作就是发现问题，分析问题，最终解决问题。工作中的任何困难必有方法去解决。同样一项工作，有的人能轻易完成，有的人则费尽周折。其中的关键在于是否善于思考，懂得用脑。在工作中找到了一个正确的方法能够事半功倍。在努力的基础上，工作还需要聪明地去思考。如果你一味地忙碌以至于没有时间来思考少花时间和精力的方法，那是得不到事半功倍之效的。

第七章　杜绝抱怨，抱怨只会白白浪费精力

抱怨是失败者的借口，是逃避者的理由。在工作中，千万不要抱怨，而应尽力去把它做得很好。这不仅是一个机会，更是你有气度的表现。与其到处宣扬自己有多努力，贡献有多大，还不如把时间精力花在冷静反思上，想通了原因、想清了对策，领导对你的关注就随之而来，再大的问题也能迎刃而解，再难的工作也能轻松做好。

第八章　远离是非，别让是非使工作分心

人在职场，是与非本是相对的，外人在不了解内情的情况下是很难作出判断的。因此尽量少去掺和是非，甚至要远离是非。不过，人在江湖，身不由己。碰到是非纠葛，要良心为先，也就是说要对得起自己的良心，即使得罪人也必须坚持良心第一。

第九章　把精力放在工作上，全力以赴做好工作

全力以赴才能把工作做到最好。一个人要成功，要实现自己的人生价值，就一定要把事情做到最好。人不能改变过去，但可以改变现在；人不能改变别人，但可以改变自己；人不能改变环境，但可以改变态度。把精力放在工作上就是一种对工作全力以赴、务求完美的态度。

第一章

认真踏实，把精力放在工作上

把精力放在工作上就是集中精力，认真工作。认真不仅仅是一种对待事业和人生的态度，一种职业精神，它更是一种重要的能力。认真一旦渗入自己的骨髓，融入自己的血液，你就能焕发出一种神奇的能量。社会发展越来越快，激烈的竞争对人的能力和素质提出了更高的要求。如果我们想把精力放在工作上，就必须把自己培养成一个认真的人。

1.

任何工作，都需要认真的态度

工作中，经常会有人抱怨：工作太难做了，凑合凑合就得了；我已经尽力了，不好也没办法；为什么老让我做些难做的工作……其实，日常工作没有人们想象的那么难，做不好的最终原因是缺乏认真的态度。

对工作认真负责，这是成为一名合格员工的首要条件。一个人的工作质量，不是取决于他的学识和能力，而是取决于他能付出多大程度的认真。伟大的革命导师恩格斯曾经说过："谁肯认真地工作，谁就能做出许多成绩，就能超群出众。"无论你在工作中遇到什么困难，只要你拥有了认真这一法宝，就能够战胜它、获得成功。

五年前，小刘还在一家营销策划公司工作。当时有一位朋友找到他，说他们公司想做一个小规模的市场调查。朋友说，这个市场调查很简单，再找两个人就能做，希望小刘把业务接下来，去运作，最后的市场调查报告由小刘把关。

这的确是一笔很小的业务，没什么大的问题。市场调查报告出来后，小刘也很明显地看出了其中的水分，但他只是随便做了些文字加工，就把它交了上去。

五年后的一天，几位朋友与小刘组成了一个项目小组，准备一起完成北京新开业的一家大型商城的整体营销方案。不料，对方的业务主管明确提出对小刘的印象不好，原来这位先生正是当年那项市场调查项目的委托人。

小刘当即变得目瞪口呆，却也无从解释。

这件事给了小刘极大的教训，现在回过头来看，当时他得到的那点钱根本就不值一提。但为了这点钱，他竟给自己日后造成了如此大的麻烦！世上万事最怕的就是“认真”二字，许多时候，失败的原因并不是因为我们没有做好某件事情的能力，而是因为我们漫不经心地处理、打发掉一些自认为不重要的工作或人。正是这种小小的不认真的行为，为我们的将来埋下了“定时炸弹”。所以，我们说没有做不好的工作，只有不认真的人。

著名企业家余彭年从内地到香港去创业，既不会讲英语，也不会讲粤语，经过半个世纪的奋斗却造就了余氏企业的摩天大厦，靠的是什么？认真！

在功成名就之后，余彭年投身慈善事业，成为专职慈善家，做慈善依然很认真。一位曾采访过他的记者这样描述：即便是在深夜的采访，老人依然保持着一贯的认真态度，对自己说过的每个字，他都不断地重复，问记者是否明白他的意思。采访过程中，不断有人找他请示工作，或是小声耳语，他耐心地一一答复众人。采访结束后，他逐一落实相关各项事务，甚至对于通过e-mail发张照片他都一再叮嘱：收到了赶紧给我回个电话，不然我睡不踏实。

虽是笑谈，但他还是让秘书在5分钟后打来确认电话。这种一丝不苟之风在慈善事业中也显露无遗。与大多数国有企业或内地民营企业不同，港资背景的公司在内地进行慈善捐赠时，更注重捐款的后期监管，他们会成立自己的管理团队跟踪资金的运行，而很少选择与内地的慈善机构合作。

余彭年全身心地投入公益活动，“亲自去做、亲自看到、亲自摸到就放心”。这或许会影响效率，但唯因用心，这份关爱才显得特别绵长。

无论是创业还是做慈善，认真的态度一直是余彭年成功的秘诀。认真工作是一种工作态度，更是一种工作方法和工作哲学。从平凡到优秀，其实只有一个秘诀，那就是工作上要认真一点，再认真一点。只要认真去做，每个人都能在工作中做得出色，都能成为企业最优秀的员工。成功属于那些能够认真做好每件事的人。

瑞恩是一家连锁超市的打包员，每天机械地重复着几乎一成不变的枯燥工作，产生了一种对工作厌倦的情绪。直到有一天，他在听了一场以“培养认真工作习惯”为主题的演讲会后，这种情况开始改变。

瑞恩开始学计算机，并且设计了一个能够自动搜索“每日一得”的程序。每天下班后，他就会把搜索到的“每日一得”打印出来，并在每份的背面都签上自己的名字。第二天给顾客打包时，他就会把这些温馨有趣、引人深思的“每日一得”纸条放入顾客的购物袋中。他希望通过自己的努力让这份枯燥乏味的工作变得充满情趣，并且让顾客感受到商店对他们的关心。

结果，奇迹出现了。一天，连锁店经理到店里例行巡视，来到瑞恩的结账台前，他发现排队的人竟比其他结账台多3倍！经理大喊道：“不要都挤在一个地方，多排几队。”但是没有人听从他的安排。

“我们排瑞恩的队是因为我们想要他的‘每日一得’，”有一个女顾客走过去对经理说，“现在只要我从这里路过我就会进来，要知道，过去我可是一个星期才来一次商店的。”

认真无疑是能力的催化剂，是所有的能力中最重要的一种核心能力。一旦对自己要做的事情认真起来，就会不由自主地打起精神，振作心气，做出一些连自己都意想不到的创举。不仅如此，当你开始认真的时候，你会给自己提出更高的要求，也就会不断地意识到自己的不足，并用心改进。自然而然地，你的本事就会不断提高。企业发展前进的主动力，就来自于那些对事业认真、执著，富有责任感和使命感的人，正是他们，推动了社会进步，开创了事业的未来。

高中毕业后，钟俊进了深圳一家代工厂，从事流水线工作。这个工厂的流水线操作员有两千多人，而他就像是沧海之一粟。

每天，他按时刷卡上下班，上班时间安安心心地做好自己的流水线工作并尽量超额完成，等中午时间到了他再跑到食堂去排队吃饭。两个月过去了，钟俊居然被组长和课长联合推荐，前去竞聘公司内部的文书工作。更令人称奇的是，仅仅工作了两个月的他居然竞聘成功了！此后，钟俊不像以前流水线作业时那么忙碌了，保证工作完成之余，他利用一些空闲时间来读书，还开始了自考企业管理的本科专业。拿到本科文凭后，他又顺利地被提升为经理助理。

这一切怎么会进展得如此顺利呢？很多人觉得钟俊一定在厂里有后台。其实不然。原来当年竞聘文书成功的原因，除了组长和课长赞赏他一丝不苟的工作态度外，还有他根本不以为然的“举手之劳”。在车间食堂的窗口打饭时，前一个人打的时候，后一个人就将碗摆在窗口上等。每次，钟俊打完饭后，总是顺便往前挪一下那个排在后面的碗，以方便打饭师傅。做完这一切后，他常常友好地冲后面的人笑笑。有一次，协理就排在他身后，感受到了这位普通员工的善意。当公司选调员工晋升文员的时候，协理一眼就看到了钟俊那张笑容盎然的脸，于是立即拍板定下了他。用协理的话说：“连打饭都能主动为他人提供帮助的人难道还不会给我好好工作吗？这样的员工我不要，我还上哪儿找优秀员工？”

举手之劳，看起来如此微不足道，反映的却是一个员工对待工作的态度。认真工作的员工是企业的财富，也是企业真正需要的人。一个认真工作的人，才能变得优秀。这世界不属于有钱人，不属于有权人，只属于认真的人。

现实中不乏头脑聪明、能力突出的人才，他们往往能成功占据先机，但在很多时候这些人的能力没能得到充分发挥、并没有获得理想的成功，其原因就是忽略了认真。一个人能力再出色，脑袋再聪明，工作不认真、马马虎虎、什么也做不好。

2.

认真比认证更能证明员工的价值

认真是职场人士必备的成功素质。认真是职业上最重要的实力体现,它比证书、资历更能证明一个人的价值。把精力放在工作上就是集中精力,认真工作。无论从事什么职业,都应该尽职尽责地对待自己的工作。在工作中,尽自己最大的努力来求得不断的进步。这不仅是工作原则,也是做人的准则。

1984年,张瑞敏接手海尔之后,面对七十六台质量不合格的冰箱,他抡起铁锤,砸碎了它们。他所砸碎的不仅是不合格的冰箱,更是不认真的态度。从此海尔树立了认真做家电行业品牌的态度,开始了认真抓产品质量的品质管理。通过砸碎不合格产品事件,海尔让人们知道了其认真对待产品质量的风格。在企业内部提升了职工的质量意识,在消费者中间树立了自己的信誉。海尔还坚守"顾客永远是对的"这个服务理念,恪守着永远认真为顾客服务的作风。

一位农民来信说自己的冰箱坏了,海尔马上派人上门处理,还带着一台新冰箱。赶了二百多公里到了顾客家,一检查是温控器没打开,打开了温控器就一切正常了。海尔管理层还就此进行认真的反思:绝不能埋怨顾客,海尔必须满足所有人的需求,要把说明书写得让所有人都能读懂才行。正是海尔人这种认真的风格成就了海尔这个著名的品牌。

工作最怕认真,认真是成功的基石。无论从事什么工作,只要你具备了认真的精神,一定会有所成就。只有最认真的人,才能创造出最优秀的产品。同样,也只有最认真的人,才会有最卓越的成就。想实现伟大的理想，首先就要脚踏实地、认认真真地做好眼前的事。

小阎是一名刚刚进入公司的大学生，自认为专业能力很强，对待工作十分随意。有一天，老板交给他一项任务——为一家知名的企业做一个广告宣传方案。

小阎自以为才华横溢，用了一天的时间就把这个方案做完了。他兴冲冲地去见老板，老板一看不行，又让小阎重新写。小阎又用了两天时间，重新写了一份方案，小阎认为写好的方案虽然不是特别完美也还凑合，于是就把它呈报给了老板。老板仍然是那句话："这是你能做的最好的方案吗？"小阎一怔，没敢回答，老板把方案又还给了他，让他拿回去重新斟酌，认真修改。

这一次，小阎回到了办公室，费尽心思，冥思苦想了一个星期，把彻底修改好的方案交了上去。老板看着他的眼睛，依然问："这是你能做的最好的方案吗？"小阎信心百倍地回答说："是的，我认为这是最好的方案。"老板说："好！这个方案批准通过。"

有了这一次的工作经历之后，小阎明白了一个道理：只有养成认真的工作习惯，才能把工作做得尽善尽美。以后，在工作中，他便经常告诫自己：一定要认真尽责地对待自己的工作。结果，他变得越来越出色，成为公司里最受老板器重的人。

同样一个小阎，可以制造平庸粗糙的设计方案，也可以亮出天才头脑才能创作出的作品。小阎还是那个小阎，区别只在于认真还是不认真。一个人如果对待每项工作都很认真，那么即使他处在世界上任何一个不起眼的角落，都终将脱颖而出。现在很多成绩优秀、智商过人的大学毕业生苦于找不到工作。很多已经找到工作的"职场新人"，苦于无法向企业证明自己的才能，甚至时常遭企业辞退。这当然是很可惜的！其实，无法展示自己才能的原因，就在于对待工作不够认真。

有一天，美国通用汽车公司的庞蒂克型号的项目部门，收到了一封客户的抱怨信。信是这样写的：

“这是我为了同一件事第二次写信给你，我不会怪你们为什么没有回信给我，因为我也觉得别人会认为我疯了，但这的确是一个事实。我们家有一个传统的习惯，就是我们每天在吃完晚餐后，都会以冰激凌当作饭后甜点。由于冰激凌的口味有很多，所以我们家每天在饭后才投票决定要吃哪一种口味，等大家决定后我就开车去买。但自从最近我买了一部新的庞蒂克后，在我去买冰激凌的这段路程中问题就发生了。你知道吗？每当我买的冰激凌是香草口味时，我从店里出来后车子就发动不了。但如果我买的是其他口味，车子就很容易发动。我要让你知道，我对这件事情是非常认真的，尽管这个问题听起来很愚蠢。为什么每当我买了香草冰激凌它就发动不了？为什么？为什么？”

庞蒂克的总经理对这封信心存怀疑，但他还是派了一位工程师去查看究竟。当工程师找到这位客户时，很惊讶地发现这封信竟出自于一位事业成功、乐观、且受过高等教育的人。工程师安排与这位客户的见面时间，刚好是用完晚餐的时间，两人于是一个箭步跃上车，迅速往冰激凌店开去。那个晚上这家人的投票结果是香草口味，当买好香草冰激凌回到车上后，车子又发动不起来了。之后，这位工程师又如约来了三个晚上。

第一晚，巧克力冰激凌，车子没事。第二晚，草莓冰激凌，车子也没事。第三晚，香草冰激凌，车子又不能发动了。

工程师当然打死也不相信车子对香草过敏，但他仍然不放弃，继续安排相同的行程，希望能够将这个问题圆满解决。工程师开始记下从开始到现在发生过的种种详细数据，如时间、车子使用油的种类、车子开出以及开回的时间。最后，他们终于找到了答案。

原来，这位顾客买香草冰激凌所花的时间，比买其他口味的冰激凌要少一些。这也和这家冰激凌店的内部设置有关。香草冰激凌是所有冰激凌口味中最畅销的口味，店家为了让顾客每次都能很快的取到，便将香草冰激凌陈列在单独的冰柜里，并将冰柜放置在店的前端。至于其他口味的冰激凌，则放置在距离收银台较远的后端。

现在，工程师所要解决的疑问是，为什么熄火时间较短，发动机就会出问题？问题出在蒸气锁，因为等待的时间较短，引擎太热以至于无法让蒸气锁有足够的散热时间。据此，通用的工程师进一步改良了汽车的散热设备。

在上面的这个案例中：认真的顾客对车子提出认真的问题，认真的工程师则对问题进行了认真的分析。这种对工作一丝不苟的态度，也正是通用汽车能成为世界上最大的汽车生产公司的原因之一。认真是个需要养成的好习惯，因为这种习惯，意味着你具有了职场竞争中最可靠"硬实力"。具备了认真，即便是辛苦枯燥的工作，你也能从中感受到价值和乐趣。你会发现，在你完成使命的同时，成功之芽也正在萌发。

3. 没有做不好的工作，只有不认真的人

工作需要养成认真的习惯。没有做不好的工作，只有不认真的人。在竞争越来越激烈的今天，即便是一丝微小的差异，也可能成为决定胜负的关键。凡是想成功的人，必须不断地超越合格，力争完美；超越优秀，力争卓越。而使人不断超越，以微小差异战胜一切竞争对手的，正是认真的精神。无论企业的生存发展，还是每个员工在职生涯中自我价值的实现，都要求认真、认真、再认真，来不得半点敷衍和糊弄。

一家家具销售公司的经理吩咐三个员工去做同一件事：去供货商那里调查一下家具的数量、价格和品质。第一个员工5分钟后就回来了，他并没有亲自去调查，而是向下属打听了一下供货商的情况就回来做汇报。30分钟后，第二个员工回来汇报。他亲自到供货商那里了解家具的数量、价格和品质。第三个员工90分钟后才回来汇报，原来他不但亲自到供货商那里了解了家具的数量、价格和品质，而且根据公司的采购需求，将供货商那里最有价值的商品做了详细记录，并且和供货商的销售经理取得了联系。在返回途中，他还去了另外两家供货商那里了解家具的商业信息，将三家供货商的情况做了详细的比较，制定出了最佳购买方案。

第一个员工敷衍了事，草率应付；而第二个员工充其量只能算是被动听命；真正认真工作的只有第三个人。换个角度想一想，如果你是老板你会雇用哪一个？你会赏识哪一个？如果要加薪、提职，作为老板你愿意把机会留给谁？所以，如果你想做一个成功的值得老板信任的员工，你就必须认真工作。当我们把认真工作培养成为一种品质的时候，就能从工作中学到更多的知识，积累更多的经验。当然，这种认真工作的品质或许不会有立竿见影的效果，但可以肯定的是，当懒散敷衍成为一种习惯时，做起事来往往就不会成功。任何一种能力的获得，都是靠认真努力地学习得来的；任何一种工作的成功，也是靠认真对待工作中的每个环节换来的。因此，认真的人的面前不存在解决不了的困难，因为他们知道只要凡事肯认真，就一定能够战胜困难、获取成功。

贝内特是一位火车后厢的刹车员，由于他聪明、和善，常常面带微笑而受到乘客们的欢迎。一个冬天的晚上，一场暴风雪不期而至，火车晚点了。贝内特不停地抱怨着，因为这场暴风雪不得不使他在寒冷的夜里加班。就在他考虑怎样才能逃掉夜间的加班时，另一个车厢里的列车长和工程师对这场暴风雪警惕起来。

这时，两个车站间有一列火车发动机的汽缸盖被风吹掉了，不得不临时停车，而另外一辆快速车又不得不拐道，几分钟后要从这一条铁轨上驶来。列车长跑过来命令他拿着红灯到后面去。贝内特心里想，后车厢还有一名工程师和助理刹车员在守着，便笑着对列车长说：“不用那么急，后面有人在守着，等我拿上外套就去。”列车长非常严肃地说：“一分钟也不能等，那列火车马上就要来了。”

“好的！”贝内特微笑着说，列车长听完他的答复后又匆匆忙忙向前面的发动机房跑去了。但是，贝内特没有立即就走，他认为后车厢有一位工程师和一名助理刹车员在那儿替他扛着这件工作，自己又何必冒着危险和严寒，那么快跑到后车厢去？他停下来喝了几口酒，驱了驱身上的寒气，这才吹着口哨，慢悠悠地向后车厢走去。

贝内特刚走到离后车厢十来米的地方，才发现工程师和那位助理刹车员根本不在里面，他们已经被列车长调到前面的车厢去处理另一个问题了。他加快速度向前跑去，但是，一切都晚了。那辆列车的车头已经撞到了自己所在的这列火车上，受伤乘客的嘶喊声与蒸汽泄漏的嗞嗞声混杂在了一起。

后来，当人们去找贝内特时，他已经消失了。第二天，人们在一个谷仓里发现了他。此时，他已经疯了，歇斯底里地叫：“都是我的错……”

工作需要你认真一点，不认真的人肯定会为自己的行为付出惨重代价。一次失败的行动、一个错误的决定、一个流产的计划……问题看起来都可能出自外在环境。但仔细分析，你就会发现，所有的问题往往都是由于自己不认真造成的。认真是一种生存的法则，能确保一家企业在竞争中生存。无论是个人还是企业，依据这个法则，才能够存活。

魏小娥是海尔集团的一名员工。1997 年 8 月，海尔集团派遣魏小娥前往日本学习新兴的卫浴产业生产技术。在学习期间，魏小娥注意到，日本技术人员在试模期的产品合格率一般都在 30%～60%，设备调试正常后，产品的合格率为 98%，废品率一般为 2%。

“为什么不把合格率提高到 100%呢？”魏小娥问日本的技术人员。

“100%？你觉得可能吗？”日本技术人员反问。

从日本技术人员的回答中，魏小娥意识到，不是日本人能力不行，而是在思想认识上使他们的产品合格率停滞在98%。魏小娥通过学习发现完全可以做到产品的合格率达到100%。作为一个海尔人，海尔和魏小娥的标准就是100%。在她的心目中，没有做不好的工作，只有做不好工作的人。

因此，魏小娥回到海尔公司后变革了日本企业的一些流程，将主要精力放在抓卫浴分厂的模具质量上。无论何时，魏小娥都从未放松过对模具质量的严格要求。一次，在试模时，魏小娥在原料中发现了一根头发，这无疑是操作工人在工作时无意间落入的。然而，魏小娥立即意识到，这一根头发万一混进原料中，就会出现废品。魏小娥马上给操作工统一配备了新的工作帽，并要求大家统一剪短发。就这样，一个可能出现2%废品的因素被消灭在了萌芽里。

就这样，在魏小娥的一番努力下，100%这个被日本人认为是不可能的产品合格率，魏小娥在海尔集团做到了。魏小娥用自己的努力证明：只要工作中用心负责去做，就没有做不好的事情。

不久后，日本模具专家宫川先生来海尔公司访问见到了魏小娥，她此时已是海尔集团卫浴分厂的厂长。在参观海尔生产线时，面对一尘不染的生产现场、操作熟练的员工和100%合格的产品，宫川先生一脸惊愕，反过来向魏小娥请教其中的奥秘。

认真工作的员工不会为自己的前途操心，因为他们已经养成了一个良好的习惯，到任何公司都会受到欢迎。你只有在工作中锻炼自己的能力，使自己不断提高，加薪升职的事才会落到你的头上。反之，如果你凡事得过且过，从不认真工作，那你就会被老板毫不犹豫地排斥在他的选择之外。

4.

拒绝浮躁，把精力放在认真工作上

现在整个社会都存在着一种浮躁心态，太多的人都急于求成。有人幻想着一日暴富，一夜成名；有人动辄大谈特谈宏观战略。侃侃而谈却没有实际价值；还有些人则是只顾眼前利益，忽略了未来的发展。浮躁，使人如同无根之草、无本之木，总是找不到自己的位置。浮躁已经成为影响我们个人幸福，事业成功，企业发展的重要问题。新时代里，我们的工作需要认真精神，拒绝浮躁，把精力放在工作上才会有成功。

传说，从前有个以认真著称的将军，死后上了天堂。有一天，上帝带他去人间巡视，路上，看到了一个年迈的修鞋匠。这位老鞋匠看上去满脸沧桑，皱纹已经覆盖了整个脸庞，眼睛也是那样的没精打采。

上帝指着老鞋匠对将军说："本来他也像你一样，会是个将军的，但就是因为他年轻的时候自作聪明，不肯认真干活，最终一辈子只能做一个修鞋匠。"

正如寓言所揭示的那样，不管你的资质多高，见识多广，文凭多硬，要想出人头地你都得一步一个脚印、认真踏实地去工作。认真是一种伟大的力量。世界上任何成就，无一不是靠认真努力工作换来的。把精力集中到工作上，就是全心全意为工作服务。因此，对待工作中的任何事情，都需要认真的态度，尤其是那些烦琐的小事，更是需要我们以认真的态度去对待。认真是成功的真谛，是最有效的通行证。一个人要想成功，重要的是学会把精力放在工作上，踏实做事，祛除浮躁。只有这样才能成为职场的精英，从而登上成功的巅峰。

在亚特兰大举行的薛塔奇10公里长跑比赛中，赞助者为健怡可口可乐公司。为了推销产品，健怡可口可乐的商标被显著地展示在比赛申请表格、T恤衫和比赛号码上。

比赛当天早上，大会的荣誉主席比格斯站在台上说："我们很高兴有这么多的参赛者，同时特别感谢我们的赞助商健怡百事可乐。"站在比格斯背后的可口可乐公司代表极为愤怒："是健怡可口可乐，白痴！"现场一片哗然……

当时比格斯感到万分的羞辱和懊悔。他事后说："我知道是可口可乐，但是我当时分心走神了，结果洋相百出，给人留下了笑柄，可口可乐公司也对我不满。就是在那要命的一天，我知道了认真的重要性。"

很简单的发言，却因为不认真导致了口误，产生了不良影响。因此，做工作认真才是当务之急。任何成功的伟人、英雄、军事家、企业家……他们除了拥有智慧与执著，更重要的是认真的态度。无论你从事什么工作，一个细节上的不认真，就会酿成严重的后果。认真，可以让一个普普通通、平平凡凡的人脱颖而出，创造出不凡的业绩；不认真，则会让一个才华横溢、能力超群的人碌碌无为，成为社会淘汰的对象。

大学毕业后，格林在一家保险公司做业务员。这是一项令人头痛的工作，因为很多人对保险业务员敬而远之，所以格林的工作开展起来很困难。办公室的其他业务员整天对自己的这份工作抱怨不停："如果我能找到更好的工作，我肯定不会在这里待下去。""那些投保的人，太可恶了，整天觉得自己上当了。"当然，这些人只能拿到最基本的薪水。

唯有格林和他们不一样。尽管格林对现状也不是很满意，薪水也不高，地位也不高，但是格林没有放弃，因为他知道，这样做与其说是放弃工作，不如说是在放弃自己。在这个世界上，没人能强迫你放弃自己，除非你是主动为之。格林还相信，努力是没有错误的，努力还会让平凡单调的生活富有乐趣。

于是，格林主动去寻找客户源。他熟记公司的各项业务情况，以及同类公司的业务，对比自己公司和其他同类公司的不同，让客户自己去选择。虽然一些人很希望多了解一些保险方面的常识，但是他们对保险业务员的反感使他们在这方面的知识很欠缺。格林知道这些情况后，主动在社区里办起“保险小常识”讲座，免费讲解保险知识。

人们对保险有了更多的了解，也对格林有了好印象。这时，格林再向这些人推销保险业务，大家没有反感，反而乐于接受。格林的工作业绩突飞猛进，当然薪水也有了很大的提高。

格林的成功说明了这样一个道理：认真地工作，再困难的事情也能完成。只有认真工作，才可能得到老板的重用，赢得升职和加薪的机会。一个成功的经营者说过：“如果你能认真制好一枚别针，应该比你制造出粗糙的蒸汽机赚的钱更多。”然而，在现实生活中，很多人并没有领悟到这个道理。有些员工不是通过认真工作以获得公司的重用，而是完全寄希望于投机取巧；有些员工则是以应付的态度对待工作，却希望得到老板的赏识，否则就埋怨老板不能慧眼识英雄，或者感慨命运的不公。他们不知道被公司重用是建立在认真完成工作的基础上的。他们整天应付工作，并发出这样的言论：“何必那么认真呢？”“说得过去就可以了。”“现在的工作只是个跳板，那么认真干什么？”抱着这样的态度，他们失去了工作的动力，不想、不肯也不可能全身心地投入工作，更不可能在工作中取得斐然成绩，更谈不上升职和加薪了。

5. 踏踏实实，把本职工作做到最好

踏踏实实，做好本职工作是一个人最基本的职业道德，也是把精力放

在工作上的一个最起码的标准。做好本职工作是一个永恒的主题，无论你是领袖还是百姓，是教授还是农民，是领导还是员工，只有做好自己的本职工作你才算是称职的员工。

曾经有过这样一个故事：

从前有位名叫阿里的农夫，住在距离印度河不远的地方，他家拥有大片的土地和花园。他是一位十分富有的人。有一天，一位年老的智者前来拜访这位农夫，他坐在阿里的火炉边，向这位农夫讲述钻石是世界上最美丽的东西。最后，这位智者说："如果一个人拥有满满一手的钻石，他就可以买下整个国家的土地。要是他拥有一座钻石矿场，他就可以利用这笔巨额财富的影响力，当上国王。"

农夫听了，感觉好极了，于是就把自己的土地和花园卖了，然后背井离乡，四处寻找可以发现钻石的地方。农夫花费了无数时间和精力到各地，却始终未曾发现钻石。最后他身上带的钱全部花光了，衣服又脏又破。在旅途的最后一站，这位历经沧桑、痛苦万分的可怜人站在海边，怀揣着寻找庞大财富的欲望，自杀身亡了。

让人意外的是，多年后的一天，那个买下农夫的土地的人在一次散步时，突然发现了一块闪烁着一道奇异光芒的黑石头，石头上有一处闪亮的地方，发出彩虹般的美丽色彩。他把这块石头拿进屋里，放在壁炉的架子上，然后继续去忙他的工作。后来，这块石头被确认为是一块天然的钻石。这样，就在农夫卖掉的这块土地上，新主人发现了从未被发现的最大的钻石宝藏，成了亿万富翁。

这个故事是发人深省的。农夫卖地，无疑是为了实现自己发财的梦想。为此，他凭着虚幻的理想背井离乡，却未曾料想这一走将要面临多少潜伏着的危机，悲剧自然在情理之中。这出悲剧给我们提供的思考是：一个人不论要干什么事，他都不该任着性子，凭着感觉，好高骛远，去追求虚无缥缈的海市蜃楼；而是应该脚踏实地，从眼前的事情做起，才能稳健地成功。因此，把本职工作做好是一个人职业生涯充实而有意义的起点。无论从事什么性质的工作，首先要把自己的本职工作做好。

美国独立企业联盟主席法里斯，在13岁时就开始到父亲的加油站做帮工。那个加油站里有三个油泵、两条修车地沟和一间打蜡房。法里斯想学修车，但他父亲却让他在前台接待顾客。

每当有汽车开进来时，法里斯必须在车子停稳前就站到司机门前，然后忙着去检查油量、蓄电池、传动带、胶皮管和水箱。法里斯注意到，如果他干得好的话，顾客大多数还会再来。于是，法里斯总是设法多干一些，帮助顾客擦去车身、挡风玻璃和车灯上的污渍。

法里斯在这里待了一段时间，除了接待的顾客每天都在变化外，每天的工作都是一样的：检查、打扫；检查、打扫。终于有一天，法里斯受不了这样枯燥无聊的工作了，他对父亲说出了自己的想法。

法里斯的父亲告诫他说："孩子，记住，这是你的工作，只要真心热爱你的工作，你就不会有这些古怪的想法了。"

父亲的话让法里斯很受感动，法里斯说道："正是加油站的工作使我学会了如何对待自己的工作，热爱本职工作是非常重要的，这些观念在我以后的职业生涯中起到了非常重要的作用。"

很多优秀的年轻人，常常会对本职工作感到不满，稍遇挫折或被上司批评几句，就会有"拂袖而去"的念头。这是由于大部分年轻人还没有清晰地意识到，手头的本职工作，其实就是一座丰富的钻石矿！"三百六十行，行行出状元"。每一个岗位，能把本职工作做好做精，成为岗位能手、专家，就是一个成功的人。事实上，一个人是否能干不在于工作岗位的高低，而在于他如何看待自己的工作。如果你认为自己的劳动是卑贱的，那你就犯了一个巨大的错误。任何平凡的工作，都能显示出一个人的不平凡。普通不代表无能，平凡也不代表简单。当你在平凡的工作中作出不平凡的业绩来，企业还能不重视你吗？

退伍军人老王，几年前经朋友介绍，到一家工厂做仓库保管员。老王的工作很简单，每天记录来往人员提货日志，记录好进出仓的账单，把仓库的货物整齐地堆放好；平时按时关灯，关好门窗，注意防火防盗等。老王做得很认真，工作之余还不间断地打扫清理仓库的各个角落。

三年下来，仓库没有发生过失火、偷盗等事故，他的工作也得到了员工的好评。在建厂十周年庆功会上，厂长按老员工的级别亲自为老王颁发了五千元奖金。

一些老职工不理解，老王才来厂三年，能力平平，职位也低，他凭什么拿老员工的奖项？

厂长看出大家心里的疑惑，便对大家说："你们知道这三年来我检查过咱们的仓库吗？一次也没有！你们也许说我偷懒，不想去仓库看一看，其实我很了解咱们仓库的保管情况。为什么？老王作为一名普通的仓库保管员，能够做到三年如一日不出差错，积极配合其他部门的工作，兢兢业业，认认真真，比起一些老职工，老王真正做到了爱厂如家，我觉得这个奖颁给他当之无愧！"

在工作中不能走捷径，更不能靠歪门邪道。本职工作做好了，我们才具有争取进步和提升的条件和资本，我们才会感到真正幸福！所以，工作中的每一件事都值得你去实践和研究。即使是最普通的事，你也不应该投机取巧、敷衍塞责。发挥主观能动性，积极干好本职工作，这是对员工的起码要求。积极干好本职工作表现在着眼公司大局，认识到自己岗位的重要性。在完成领导交给任务的前提下，发挥自己的聪明才智，为本岗位多做些工作，多干一些有意义的事。

2010 年 7 月 21 日，在全国组织系统深入开展创先争优活动视频会议上，一位来自浙江省玉环县委组织部一位普通的组工干部——杜洪英，说出了一句让大家感动的朴实话语："把本职工作做好同样是进步。"这是一位既普通又不普通的组工干部，普通的是她所从事的档案工作，不普通的是她一干就是 31

年，并且干出了不普通的成绩。

杜洪英生于1957年9月，祖籍山东。父亲是一名南下干部，两岁时，她随着因公致残的父亲迁回山东。1979年上半年，杜洪英从山东只身来到玉环县委组织部担任档案员，至今已31年。一名普普通通的档案员，成了数千万党员的优秀代表、全国组工干部的学习榜样。朴实之中有华章，平淡之中见精彩。杜洪英的可贵之处，正在于她在平凡岗位上作出不平凡的贡献。她曾先后获得全国人事档案工作先进个人、浙江省档案保密工作先进个人、省优秀组工干部和省市优秀党员等荣誉称号，并享受省级劳模待遇，2009年10月当选全国“三八红旗手”。

起初，杜洪英觉得管档案挺无聊，但老部长的一句话提醒了她，并从此成为她的岗位信条：“人事档案不仅是一叠叠纸张，每个干部的过去、现在都在这里，里面的一字一句关乎他们的前途和命运。”当时，杜洪英发现部里的档案就散放在几十只旧的木箱子里，有的见头不见尾，有的见尾不见头，翻一翻，没有几份是完整的。看到这一大堆残缺不全的档案资料，杜洪英暗自叹了口气，下决心把它们全部补全。

但补齐档案材料，谈何容易！没办法，杜洪英一个乡接一个乡跑，一个单位接一个单位找。“补齐这6000多份材料，实在是不容易。”杜洪英说，对玉环人来说，出门坐船是家常便饭，但对自己这个北方人来说，到鸡山、海山等海岛去，坐一趟船就是遭一趟罪。“一坐上船，我就开始吐，最后连黄胆水都吐不出来了。同事们见状，纷纷劝我别再出门，材料由乡镇干部带上来好了。”但杜洪英坚决不肯，这倒不是她不相信别人，只是考虑到一些材料甄别，只有自己亲眼见到后才更加放心。杜洪英说，在档案材料鉴定方面，她认为还是保守一些更为妥当。就这样，杜洪英白天下乡收集，晚上剪贴归档，用了3年时间，终于把全县6000多份干部档案全部收齐，还救活了大量“死”档案。

在同事眼中，杜洪英对档案管理的认真劲儿，甚至可以用“苛刻”来形容。有一次，省里派人到玉环检查档案，在一份档案夹缝中发现一枚订书针，杜洪英紧张极了，竟将6000多份档案翻了个遍。

“还好,没有发现第2枚订书针,档案纸像婴儿般稚嫩,要格外小心,万一订书针生锈,会影响到档案里的内容。”

在档案室,杜洪英担心的,又何止是订书针——进去查档案必须换拖鞋,以免把鞋底的湿气和灰尘带进档案库;查档案不准喝水,免得不小心沾湿纸张;室内温度和湿度严格控制,以防档案变潮发霉……

杜洪英总是说,档案工作看似平凡,但出点差错就是大事。1983年,玉环有一批转干的企业领导因为单位转制,没来得及填写干部履历,导致应补档案缺失。杜洪英发现后,马上主动着手补救,四处联系单位,为这些人办齐了证明函。10多年后,这些老同志要办退休手续,却发现自己的干部身份没有明确,要到市里上访。杜洪英得知情况后,连夜翻箱倒柜,找到证明函,平息了一场风波。

查档案费时是档案部门的一个“老大难”问题。通过不断摸索,杜洪英摸索出了“姓氏笔画编目法”“单位分类法”“四角号码编目法”等办法。凭借这些方法,查档案的人几分钟之内就能找到自己想要的材料。由于简便易行,这些方法已得到了省委组织部的充分肯定和推广。

工作的31年里,玉环县委组织部先后换了12任部长,许多同事都被提拔到领导岗位,而杜洪英还是一名普普通通的档案员。组织部领导多次想把她转岗到待遇好点的单位或提拔到领导岗位,她几经考虑,最终放弃了。因为,她要坚守自己的岗位,坚持与无言的卷宗为伴,坚持把档案工作兢兢业业做好。她对大家说,事业远比身份重要。任何一种工作,只要做好了,得到大家肯定,就是最好的奖赏与荣誉。

工作只有分工不同,没有贵贱、轻重之分。杜洪英同志的事迹告诉我们,只要你用心、用力,看似默默无闻的本职工作,同样能干出一番成绩。在这个世界上,的确有一些工作,它们看上去并不高雅,工作环境也很不好,人们似乎也不太关注它。但是,我们千万别因此而轻视这样一份工作，我们要用这样的尺度去衡量它：只要它是有用的，就值得你去做。无论你的工作多么琐碎，岗位多么平凡，只要你热爱自己的岗位，满怀激情地投入到自己的工作中，那么，你一定会在平凡的工作中做出不平凡的成果。

6. 敬重自己的工作，认真做好自己的事

把精力放在工作上就是敬重自己的工作，将工作当成自己的事，是一种使命感和责任感。俗话说："不要往自己喝水的井里吐痰！"对于公司的员工，这同样是一种最基本的职业道德要求。敬重自己的工作是 种最基本的做人之道，也是成就事业的必要条件。敬重自己的工作，将工作当成自己的事，表面上看起来是有益于公司，有益于老板，但最终的受益者却是自己。

杰克和詹姆斯是同班同学，大学毕业时，恰逢经济危机，两人都找不到工作。于是他们降低要求，去一家工厂求职。正好这家工厂缺少两个打扫卫生的员工，问他们是否愿意干。杰克思索片刻，接受了这份工作，因为他不愿意靠社会救济金生活。

詹姆斯打心底里瞧不起这份工作，但他还是留下来陪杰克一块儿干了一阵子。他工作懒散，每天打扫卫生都敷衍了事。老板以为詹姆斯刚从学校毕业，缺乏锻炼，再加上恰逢经济危机，也同情他的遭遇，于是便原谅了他。对于这份工作，詹姆斯从内心深处充满了抵触情绪，每天都在应付。结果，刚干满三个月，詹姆斯便产生了不再继续做这份工作的念头，辞职重新开始找工作。当时，很多企业都在裁员，上哪儿去找适合他的工作呢？最后，他只好依靠社会救济金生活。

相反，杰克在工作中，放下大学生的架子，完全把自己看做是一名打扫卫生的清洁工，每天把办公楼走廊、车间、场地打扫得干干净净。半年后，老板便让杰克跟一个高级技工当学徒。由于工作积极，认真肯干，一年后，杰克成为了一名技工。他抱着一种积极的态度，在工作中努力进取，认真负责地去做任何一件事。两年后，经济危机的局面有所改观，杰克也成了老板的助理。

任何一份工作都是高尚的，关键是看你自己如何对待。在任何情形之下，都不允许对自己的工作表示厌恶。厌恶自己的工作，最终也会遭到工作的厌恶。轻视自己的工作，敷衍了事地做事，将大部分心思用在如何摆脱现在的工作环境上，这样的人在任何地方，都不会有所成就。世界上所有正当合法的工作都是值得尊敬的。只要你诚实地劳动和创造，没有人能够贬低你的价值，关键在于你如何看待自己的工作。再苦再累的工作并不要紧，你完全可以通过个人的努力，在现实中找到自己的位置，发现自己的价值。

2011 年初，经过层层选拔，江苏大学汽车学院博士生崔勇、电气学院研究生程浩、农业工程研究院研究生陈义等人被选拔为第三批赴圭亚那援外志愿者，进行为期一年的海外志愿服务。

"我从小就喜欢帮助别人……"崔勇大学里帮助过别人维权，参加过世界大赛志愿服务，组织过 20 多次国际国内会议、文体宗教、关爱帮困等志愿义工服务项目。崔勇说，"帮助别人真的能让我感觉到快乐。"到异域他乡继续志愿服务，崔勇觉得最亏欠的是家人。去年 6 月，志愿队奔赴圭亚那，为了赶上出征进程，崔勇办了一个简单的婚礼，还没有度蜜月，就匆匆离开了家。在圭亚那，崔勇服务的岗位是总统办公室中的气候变化办公室。在 9 个多月里，崔勇和圭亚那同事，美国、英国等国际同事一起参与制定了气候变化低碳发展机制、国家发展战略等，还牵线搭桥，促成电力电气项目、能源地矿项目、农业机械的合作开发。

崔勇感到非常欣慰，他工作涉及的领域可以改变当地社会结构、社会发展模式。由于工作便利，崔勇和总统、总理、各部部长、党派领导人以及各国驻圭亚那大使等经常近距离接触。这个总是最后一个走出办公室的 Chinese boy（中国男孩）获得领导和同事的一致评价就是 nice、smart、hardworking（好、聪明、勤奋）。圭亚那总统对他很友善，总理海因兹对江苏更是感情深厚，他访华时曾到访过江苏，看到来自江苏的志愿者，海因兹总是精神矍铄地和崔勇打招呼，好像见到了老朋友。

陈义和程浩服务的部门是圭亚那农业部，他俩被分配到圭亚那斯凯尔顿糖厂。程浩说，“这是一种完全不同的体验。每天和机器为友，呼吸着灰尘，聆听着噪声，用汗水洗澡。”艰苦的工作环境没有让程浩、陈义退缩过、后悔过，糖厂的很多设备是从欧美国家引进的自动化系统，他俩边学边干，工作之余还给当地的工人进行基础理论和操作技能的培训，也经常向工厂负责人建议如何提高工作效率。糖厂的工人见到这两个中国小伙，都很热情地称他们是“勤劳的中国男孩”。

气候、饮食、住宿是考验志愿者的三大生活难题。圭亚那地处赤道，气候是典型的热带雨林气候。“平均气温在 25 摄氏度以上，6 月到 10 月的气温更高。要么是下大雨，要么是烈日炎炎。”炎热的气候曾让程浩很不适应，刚到时外出不习惯涂防晒霜，回到驻地后他立马发现脖子、手臂被晒得脱了层皮。“真想念国内的麻婆豆腐，想得口水都快流下来了。”陈义告诉记者，当地的饮食都是糊状物，涂抹酱汁、咖喱，蔬菜、肉的种类很少，根本吃不到豆制品。自来水都是带着泥浆的褐色水，不能够饮用，做饭、烧菜都要带个大桶外出买井水。

由于当地生活条件简陋，崔勇虽然搬了两次家，但是家里始终都有各种老鼠、树蛙、蜥蜴、蚂蚁、蟑螂、蚊子、马蜂做伴，通风和采光都很差，前墙是扇小窗，后墙就只有三个小洞当通风口。一次，由于牵头的工作太多，一天都没有空吃饭，崔勇发现自己身体乏力，伴有发烧、骨节酸痛、皮下出血，后经诊断被蚊子叮咬，感染了致命的登革热病毒。所幸治疗及时，才脱离了危险。

在圭亚那，崔勇还有一次惊心动魄的遭遇。一次由于忙于项目数据调查，崔勇晚8点之后才做完工作骑着自行车赶回驻地，两个黑人从他背后抄上飞车抢劫，幸好电脑包缠绕在车龙头上，抢匪未能得逞。一米八五身高的崔勇大吼一声，摆出了个会武功架势，心虚的抢匪才夺路而逃。

2012年6月，志愿服务期满回国后，崔勇、陈义、程浩都要回江大继续学业，然而，他们的打算似乎有点"不约而同"的意思。崔勇计划致力于气候变化、低碳发展计划、能源环境战略对策的义务宣传，让更多的人加入到"全球自救"的行列；陈义计划再进行一次海外志愿服务；程浩则打算组织更多人参与志愿服务，他要用行动证明，志愿服务是每个人力所能及的事，一名普通的大学生能做到的，其他人也能做到。

敬重自己的工作实际上体现的就是一种认真的精神。尊敬工作，我们才能成为工作的拥有者。我们就能从中学到更多的知识，积累更多的经验，就能从全身心投入工作的过程中找到快乐。海外志愿服务的生活虽然异常艰苦，但是志愿者得到的是历练和成长。程浩说，在圭亚那，他会在不知不觉间就以最高标准来要求自己。崔勇说中国青年海外志愿服务队很受欢迎，这让他深刻体会到志愿服务的过程就是人与人之间相互帮助、相互温暖的美好经历，是人类共同追求真善美的美好表达。因此，无论你做什么工作，无论你面对的工作环境是松散还是严谨，你都应该认真工作。无论你是公司的一名普通员工，还是某个机构的一个职员，对于你所在的组织，你都不要诽谤它，不要伤害它，因为轻视自己所就职的机构就等于轻视你自己。你一定要把老板的公司当作自己的公司来对待，作为自己衣食所需、精神所托的地方，这样才能做好自己的工作，才能使自己的内心和生活因为公司的发展而充实起来。

第二章

心无旁骛，专注于自己的工作

把精力放在工作上，就是要心无旁骛，就是要专心致志，就是要一心一意，不被任何琐事打扰。集中精力投入工作，是一种付出，一种奉献。不管你从事什么样的工作，平凡的也好，令人羡慕的也好，都应该抱着尽心尽责的态度，全身心地投入到工作中去，这样你才能真正把工作做好。

1. 心无旁骛干工作是个人成事之基

做事情必须心无旁骛、专心致志，成功人士都能认识到专注的重要性。只有心无旁骛地做事，才能把聪明才智调动起来，才能把积极性、创造性发挥出来。如此日复一日地兢兢业业干事创业，事情何愁做不好，事业何愁不成功？有些人做事失败，往往在于或急功近利，或见异思迁，或浅尝辄止，或有始无终，其结果往往是一事无成。

一则故事说，大哲学家布里丹养了一头小毛驴，他每天要向附近的农民买一堆草料来喂。这天，送草的农民出于对哲学家的景仰，额外多送了一堆草料放在旁边。这下子，毛驴站在两堆数量、质量和与它的距离完全相等的干草之间，可为难坏了。

它虽然享有充分的选择自由，但由于两堆干草价值相等，客观上无法分辨优劣，于是它左看看，右瞅瞅，始终无法分清究竟选择哪一堆好。于是，这头可怜的毛驴就这样站在原地，一会儿考虑数量，一会儿考虑质量，一会儿分析颜色，一会儿分析新鲜度，犹犹豫豫，来来回回，在无所适从中活活地饿死了。

那头毛驴最终之所以饿死，其原因就在于它左右都不想放弃，不懂得如何选择。每个人在生活中经常面临着种种抉择，如何选择对人生的成败得失关系极大，因而人们都希望得到最佳的结果，常常在抉择之前反复权衡利弊，再三仔细斟酌，甚至犹豫不决，举棋不定。但是，在很多情况下，我们犹豫不决，三心二意的结果就是两手空空，一无所获。

俗话说：“世上无难事，只怕有心人。”这里的“有心人”就是那些能够专注做事的人。专注是一种态度、一种行为、一种精神，一种结果、更是一种境界。对于一个职场人来说，专注才能取得成功。无论从事什么样的工作，只要具备了专注工作的心，一定会有所成就。一个专注的人，往往能够把自己的时间、精力和智慧凝聚到所要干的事情上，从而最大限度地发挥积极性、主动性和创造性，努力实现自己的目标。

徐航是我国当今最大的医疗器械公司的掌舵人，他是一个做事专注的人。公司自 1991 年成立起，就一直专注于现代医疗电子设备的开发，徐航认准了这条路，一干就是几十年。在他的带领下，公司先后推出了监护、检验、超声三大领域高性能价格比的产品，并且拥有深圳市目前唯一由科技部批准组建的国家级工程技术研发中心。就这样，只专注于这一条路的迈瑞公司不久便成为我国领先的高科技医疗设备厂商，同时也是全球医疗设备市场有较大影响力的厂商之一。迈瑞公司从小公司成长为业界典范，其成功的秘诀就是专注。正是因为专注，徐航成功了，并且获得了深圳科技进步的最高奖项——市长奖。

无数事实证明，决心下定之后，成功的秘诀全在心无旁骛。心无旁骛，做什么事成什么事。只有把自己的注意力和精力集中在已经确定的目标上，并且贯穿到为实现目标采取的行动上，才能保证成功。因此，一个人在做事时，不能三心二意，而应该把注意力集中在一件事上。要清楚头脑中那些分散注意力、产生压力的想法，排除分散注意力的一些人和事的干扰，使你的思维完全集中到当前的工作状态。如今的时代科技飞速发展，每一个行业都要求人们越来越精、越来越专，因此，没有专注精神是很难做出一番成就的。

今天在这个行业浅尝辄止，明天去那个行业学点皮毛，就像是猴子掰玉米，掰一个丢一个，这样做无疑是在浪费自己之前的所有努力。做一切事情成功的关键，就是专注。专注是一种优秀的职业品质，是每一位员工都应遵从的基本价值观。

2009年的英国选秀冠军保罗，原来是一个手机销售员，一个非常普通的人。他个子不高，一张胖脸，还没有门牙，但他从小就有一个梦想：想当一名歌唱演员。

保罗没有条件进行专业训练.也没有任何名师指点，但他非常执著，心无旁骛，用心一处，坚持不懈地练习唱歌，而且就唱著名歌剧《图兰朵》中最震撼人心的那一段。他不为别的利益所诱，始终执著于这一爱好，这一唱就是十年。

后来，他参加了英国2009年选秀比赛，并一路过关斩将进入决赛。在决赛中，他美妙的歌声震惊了全场，所有听众情不自禁地起立鼓掌，因为他的表演实在太精彩了！他出名了，他成功了！他十年磨一剑，专注于自己的爱好，最终获得了巨大的成功。

始终坚持一心一意地专注自己的工作，是每个人获取成功不可或缺的品质。从一定意义上说，专心致志做事情、干事业，就是要盯着一件事踏踏实实、老老实实干下去、干到底，不干出成绩不离窝，不完成任务不撒手。有的人做事不专一，缺乏持之以恒、坚韧执著的精神与毅力，原因之一就是心浮气躁。浮躁的产生有着深刻的时代根源。社会生活节奏加快、人际关系功利化、岗位竞争日趋激烈、人生的发展没有稳定的预期，等等，都是浮躁的诱因。但浮躁的主要原因还是人的迷茫与心态的失衡。现实生活中，有的人只想成功不愿努力，只想得到不愿付出，好高骛远，追求浮华，总是这山望着那山高，不肯脚踏实地埋头苦干；有的安于现状，贪图舒适，不思开拓进取，不愿艰苦奋斗。浮躁就难以专注，难以专注又助长浮躁，如此恶性循环，终会碌碌无为。因此，要想专注于事业就需要力戒浮躁。即使遇到困难，也不轻易更改目标，而是积极寻找前进的方法，这样才是获取成功的捷径。否则，你将会一事无成。

万胜强是中国第一航空公司西安飞机工业集团的员工。他刚开始参加工作时只是一名普通的技校毕业生，但强烈的工作使命感使他将企业当成自己的家，胸怀航空报国、追求第一的理想，在自己的岗位上不断学习航空零部件加工工作，迅速成长为航空零部件生产中的高级技能人才，为西安飞机工业集团作出了非凡的贡献。

例如，一次，在为意大利航空公司生产飞机零件的过程中，因零件耽误导致生产交付周期只有11天。当时在这么短的时间内，要完成这样紧急的任务几乎是不可能的。但为了企业的信誉万胜强还是接下了这个任务，因为他认为完成这个任务是自己义不容辞的责任，不能为此而推脱。就这样，万胜强与全班的同事们发扬团结拼搏、连续作战的精神，终于以质量零问题的佳绩胜利完成任务，创造了生产的奇迹，受到领导的嘉奖。

万胜强参加工作以来的10年间，在工作中处处发挥模范带头作用，为公司多次解决了难题，而且从未发生过任何质量和技术事故。比如一次在波音737—400客改货工作中遇到了很多困难，万胜强充分发挥了高级技术工人的能动作用，解决和排除了生产中许多疑难问题和故障，为公司转包生产上批量和新产品试制作出了突出贡献，成为岗位上成长起来的新一代“工人铆接技术专家”。

由于万胜强出色的成绩，2004年10月，美国波音公司将“波音信得过员工”奖牌和证书交到他手中。波音公司凡获此殊荣的职工在任何情况下都不得解雇，万胜强成为亚洲第一个获此殊荣的工人。此外，他还获得了中国一航首届职业技能大赛飞机铆工第二名、“航空技术能手”“陕西省十大杰出青年”“陕西省青年突击手标兵”“全国青年岗位能手”和“全国技术能手”等荣誉称号；2007年，他又获得了由共青团中央、原劳动和社会保障部在全国评选的首届“中国十大杰出青年技师”光荣称号。

心无旁骛干工作是个人成事之基。心无旁骛去做每一件事时，成功就会隐约向你招手。一个人从事某项工作，如果不能全神贯注，不能集中精神，就很容易出差错。一个人如果无法专注工作，那么不管他的工作条件有多好，他都会让成功的机会从身边溜走。要想成为老板眼里的好员工，就要记住：心无旁骛地干工作。

2.

一心一意，做好在职在岗的每一天

把精力放在工作上是我们事业不断前进的重要经验。人生最大的挑战，不是突然的灾变和改变命运的选择，而是日复一日、年复一年、平淡而又极其平凡的工作。要想在旷日持久的平凡日子中感受到工作的伟大，在重复单调的过程中享受到工作的乐趣，那就必须一心一意地做好每一天的工作。

客厅中一架巨大的挂钟在滴答滴答地响着。一天晚上，突然传来一阵啜泣声，于是客厅里的家具到处寻找声音的来源，最后发现，原来是秒针在哭泣。

秒针哭着说："我的命真苦啊！每当我转一圈时，长针才走一步，我转 60 圈时，短针才走 5 步。一天我必须要转 1440 圈，一星期有 7 天，一年有 365 天……我如此瘦弱，却必须得分分秒秒地转下去，我实在是不堪重负啊！"

旁边的台灯安慰它说："不要过多地去想其他的事情，你只需一步一步地往前走，在你的岗位上充分展示自己的才华，你就能够实现自己的人生理想，也会变得轻松愉快。"

无论你在生活还是工作中担任什么样的角色，就应当尽力把它做好。再小的事、再不起眼的小角色，也有它存在的价值和意义。我们应该认识到，在职在岗的每一天都是生命中的重要的一天，我们必须把每一天过得充实，才会最终实现自己的人生价值。只有踏踏实实、充分利用自己工作岗位的每一天，刻苦学习，努力攻关，才能够一步一步地登上事业的顶峰。

小钱是一名老家在西部山区的大学生，出于对大城市的向往，毕业后小钱就来到北京，在中关村一家电子公司找了份质检工作，刚开始每个月只能挣2500元，而且还不管吃住。小钱为了节省每月的花销，不得不在离公司远一些的地方租房。这样一来，必须早出晚归地上班。他的朋友们都劝他换一个工作，说这样低的工资不值得他如此卖力。可是小钱始终没有放弃，从不抱怨自己工资太低。只是在埋头苦干，还告诉他的朋友们：在这儿工作虽然辛苦，工资也不高，但能学到东西。

小钱诚恳踏实的工作态度受到了公司老板的关注，一年以后，他的工资就涨到了每月7000元，并且被提拔到一个重要的部门任副经理。在新职位上，小钱继续保持自己良好的工作习惯，三年后被提升到副总经理的位置上，年薪达到50万元，成为了有车有房的成功一族。

在工作和生活中，常常会出现这样的现象：两个人一起到同一家公司工作，同样的起点，但是，几年之后两人之间却产生了巨大的差距。一个人成为公司里的骨干，成为老板眼中的红人，老板对其不断委以重任；而另一个人却一直在原地踏步，工作上碌碌无为，总是不见起色。众所周知，除了少数天才之外，大多数人的禀赋都相差无几。那么，是什么原因造成了两个人如此大的差距呢？是一心一意的工作态度！做好每一天的工作，将会有意想不到的回报。如果你是一名发货员，也许会在发货单上发现一个与自己毫无干系的错误；如果你是一名邮递员，也许会在公司的信函上发现一个印刷错误；如果你是一名打字员，也许可以不管一些自己职责以外的事情……这些事情也许不在你的职责范围内，但是如果你多做了一点点，就会离成功更近一些。

高高瘦瘦，一头齐耳短发，走路急匆匆，说话干净利索，工作中严谨细致、善打硬仗。这是烟台开发区院反渎局局长陈晓丽给记者的第一印象。1994年，陈晓丽大学毕业到烟台开发区院工作。从检十六年来，无论是干公诉，还是查办职务犯罪，陈晓丽都能严谨细致，严于律己，公正执法，恪尽职守。因此她先后被烟台市检察院和开发区工委管委记功嘉奖6次，获得烟台市十佳公诉人、优秀公诉人和三八红旗手称号。

工作以来，陈晓丽从书记员干起，一步一个脚印，没有炫耀，也没有怨悔，有的是对检察事业的孜孜追求。1999年，她轮岗到公诉处，成为一名公诉人。“办错一个案子，对我们来说是百分之一的错误，但对当事人来说，却是百分之百的错误。”陈晓丽时常以这句话来勉励和要求自己。在办理王某诈骗案时，陈晓丽清楚地记得，几年前该案因证据不足而撤回起诉。公安机关在收集了新的证据后又重新立案移送审查起诉，公诉难度之大可想而知。为了确保公诉成功，她多次到法院查阅前次庭审记录和有关的民事卷宗，认真分析每一证据的证明力，把不多的直接证据和间接证据组成了一个无懈可击的证据链条。法庭上，她张弛有度地对被告人进行指控，沉着冷静地应对两位辩护人的无罪辩护，最终，合议庭采纳了她的指控意见，判处王某有期徒刑四年。王某心服口服，当庭表示不再上诉，取得了较好的法律效果和社会效果。在八年的时间里，她办理了近四百起案件，均做到了事实清楚、证据确凿、定性准确、不枉不纵，案件准确率达到100%。凭借出色表现，她开始在全市检察系统崭露头角，先后获得十佳公诉人和优秀公诉人称号。

2008年，通过竞争上岗，陈晓丽到反贪局主持工作。在新的岗位上，面临案源少，办案难度大的挑战，她没有退缩，带领全局干警主动出击，摸排案件线索，详细研讨初查方案和侦查策略，短时间内立查了2起受贿案件，扭转了被动局面。在办案中，她冲在办案第一线，既当指挥员，又当战斗员，期间，她有时半个多月吃住在办案工作区，没睡一个安稳觉，经常是白天取证，晚上组织办案人员分析案情。“作为检察官，办案是我们的天职，特别在反腐一线上，更加坚定我的信念，只要办出案、办好案，即使再苦再累，也心甘情愿。”这铿锵有力的话语正是她坚守职责的质朴表达。“连局长都拼命在干，我们哪还敢放松，看到办案成绩，我们也很乐意跟着她吃苦，这叫苦中有乐。”一位反贪干警这样评价她。在陈晓丽的带领下，反贪局工作实现了新突破。两年多来，查办各类职务犯罪案件20余件，在工程建设、交通运营等重点行业领域严肃查办了一批群众反映强烈的职务犯罪大案，在各行业领域内引起了强烈反响。尤其是在办理刘某贪污、受贿案过程中，她注重细节，找准切入点，经营线索，以案带案，一举挖出4起受贿窜窝案。因工作成绩突出，反贪团队在市检察院的考核中，名列前茅，并被授予“先进集体”，3名反贪干警被上级记功嘉奖。

在成绩面前，陈晓丽从不沾沾自喜。十多年来，她一直都是那么低调内敛。“人的成功不在于拥有多少金钱和多高的地位，而在自我价值的实现。只要能尽心尽责地做好每一项工作，发挥出自己所有的能量，就会拥有精彩的人生。”陈晓丽的话道出了一位检察干警的质朴本色。

洛克菲勒曾对工作做过这样的注解：“工作是一个施展自己才能的舞台。我们寒窗苦读来的知识，我们的应变力，我们的决断力，我们的适应力以及我们的协调能力都将在这样的一个舞台上得到展示……”可见，每个工作岗位都承担着一定的社会职能，都是从业人员在社会分工中所获得的扮演角色的舞台。每个人不仅可以通过工作获取生活的物质来源，而且还能够履行自己的社会职能，获得他人的认可和尊重。只有做好在职在岗的每一天，你才有可能被赋予更多的使命，从众多的竞争对手中脱颖而出，获得更大的荣誉。只有在岗位上一点一滴地积累才有可能不断进步，才有可能成为平凡岗位上的一位不平凡的优秀职工。

3. 养成集中精力工作的好习惯

做事是否集中精力，已成为衡量一个人职业品质的标准之一。职场中那些取得成功的人，不仅养成了集中精力工作的习惯，而且还把集中精力工作看成是自己的使命。我们在工作中能够做到集中精力，全身心地投入，便是做到了务实、敬业。如果上班做事时脑子里还想着球赛、彩票、电影、股票等一些与工作无关的东西，连最基本的"集中精力"都做不到，如此身在曹营心在汉，何谈爱岗，又何谈敬业？只有把集中精力工作当作使命并努力去做，养成集中精力工作的好习惯，你的工作才会变得更有效率，你也更加乐于工作，而且还更容易取得成功。对每一个职场人士来说，这无疑是再好不过的结果。

著名出版人基德曼在出版社从事校对工作，她曾为自己定下一条原则：除非有特殊紧急事件，否则就要全身心地投入到校对工作中去。她将所有的精神集中在一件事上，即创造一个有创意与高效率的工作环境。换句话说，一坐到桌前，她就不再想别的事，哪怕手中的书稿校对到只剩最后一页，她也绝不去想下一部书稿的事。没多久，基德曼就发现，她的这条原则能让她专心致志地去做，而且很少感到校对是一件枯燥无味的工作。她甚至发现一个小时的专心工作，抵得上一整天被干扰工作的成果。

当你集中精力于眼前的工作时，你就会发现你将获益匪浅——你的工作压力会减轻，做事不再毛毛躁躁、风风火火。由于对工作的精力集中，还能激发你更热爱公司，更热爱自己的工作，并从工作中体会到更多的乐趣。因此，在进行工作时，应该集中精力于当前正在处理的事情。如果注意力分散，头脑不是在考虑当前的事情，而是想着其他事情的话，工作效率就会大打折扣。即使事情再多，也要一件一件进行，做完一件事情就了结一件事情。全神贯注于正在做的事情，集中精力处理完毕后，再把注意力转向其他事情，着手进行下一项工作。

盖尔克是西门子中国区第一任销售总经理，他为德国西门子公司的电器产品占领中国市场立下了汗马功劳，他本人也因此赢得了名誉，取得了巨大的成功。有记者采访他："你可以透露一下成功的秘诀吗?”盖尔克说:“秘诀谈不上，我从 1983 年开始在西门子工作，用中国人的话说已经有 19 年工龄。我始终有一个座右铭，工作要专心致志，要在从事的工作中寻找乐趣，要有改变现状的决心，要能找到解决问题的方法，要有实际的行动。近 20 年来我一直坚持这样的信念，在西门子的市场部、产品部、产品销售部都工作过，如果说取得了一点成绩，这就是其中的原因。”

一个人的精力是有限的，把有限的精力分散在几件事情上并不是明智的选择。集中精力，不仅对于人生理想这样的战略抉择有着重要意义，而且对于日常工作中的每一次战斗也同样具有很大价值。对于任何员工来说，假如你不能把精力放在最重要的任务上，注意力分散的话，那么任务是不可能完成的。要想切实地提高工作效率，你必须专注于重要的事务。一心一意地专注于自己的工作，是每个职场人士获取成功不可或缺的品质。当你能够认认真真地去做每一件事时，成功就会一步步向你靠近。

2008 年 8 月 17 日，2008 北京奥运会女子 3 米跳板跳水决赛在国家游泳中心“水立方”进行。“跳水皇后”郭晶晶以总分 415.35 分的高分成功卫冕。作为国内现役运动员的代表，郭晶晶是跳水“梦之队”的领军人物，曾多次获得世界冠军。然而，辉煌的背后是她一步步走过的荆棘之路。

5 岁练跳水，15 岁首次参加奥运会一无所获，1998 年参加世锦赛，仅获女子 3 米跳板亚军，在之后的几年赛事中，她始终与冠军宝座失之交臂。巨大的压力，残酷的现实，并没有让她意志消沉、打退堂鼓。相反，基于对跳水运动的喜爱，她以坚韧的毅力和不服输的信心，加之更为艰苦的训练坚持着。2004 年，她终于从雅典奥运会拿回 2 枚金牌。

2008 年，本可以光荣引退的她，仍在向 2008 奥运冠军冲刺，那届奥运会上她获得了 2 枚沉甸甸的金牌，演绎了一出完美的落幕。作为一名老运动员，郭晶晶承受着长年伤痛的困扰，在一次次大型比赛中取得了如此辉煌的骄人战绩，是什么让她征战赛场多年却依然保持着良好的业绩？她成功的背后又有什么经历？是什么动力在一路支撑着自己？郭晶晶说："因为喜欢，才会投入，才会愿意付出。"

郭晶晶在跳板上的成功，除了她热爱自己的职业以外，也与她能集中精力锁定目标的坚定决心有很大关系。在参加北京奥运时，她早已获得了好几块金牌，那时，找她做广告、代言的公司、企业数不胜数，而她的身价也很高，如果她图一时的利益而疏忽了训练，她就不会有后来的辉煌。

我们发现，许多人工作不可谓不努力，甚至经常加班加点，但收效甚微。这可能就是因为在工作中没能集中精力。在进行工作时，应该集中精力于当前正在处理的事情。如果注意力分散，头脑不是在考虑当前的事情，而是想着其他事情的话，工作效率就会大打折扣。即使事情再多，也要一件一件地进行，做完一件事情就了结一件事情。全神贯注于正在做的事情，集中精力处理完毕后，再把注意力转向其他事情，着手进行下一项工作。工作成功取决于你努力的程度，要想提高效率就必须养成集中精力工作的好习惯，全神贯注去完成。

4. 唤醒热情，像热爱生命一样热爱工作

工作本身没有高低贵贱之分，很多时候你工作得好坏在于你对待工作的态度。在我们的社会生活中，每份工作都有它的价值。你在这个世界上找到什么样的工作，你便会过着什么样的生活。我们可能无法选择自己的工作，因为很多时候人们的选择自由度确实不大。但是，一旦你参与了某项工作，来到某个岗位上，就必须要有把它做好的态度。

美国石油大王洛克菲勒在写给儿子的一封信里这样说道："亲爱的孩子，如果你视工作为一种乐趣，人生就是天堂；如果你视工作为一种义务，人生就是地狱。" 可以说，我们的态度决定了一切。怎样去面对工作，这个态度的决定权在你的手中。

有一个年轻人向一个事业有成的长者诉苦道："你知道吗？世界上再没有什么工作比我现在的工作更糟糕的了，它太能折磨人了。"一会儿抱怨工作这里不好，一会儿抱怨公司那里不好。年长者说："但是，据我所知，你做的这份工作并不像你所说的那样，你还可以从中学到很多的东西。况且与我当年打扫厕所的工作相比，好多了。"

年轻人说："你在说什么呢？我觉得我的工作就是机械运动，每天提供一些体力劳动，我可是大学毕业生啊。"年长者说："大学生没有什么实践经验，从底层做起很正常，这样就可以积累更多的专业技能，为以后做高层打好基础。"年轻人苦笑着说："可是我的工作太枯燥了，我从没有觉得从这么简单的劳动中，能学到什么，而且没有幸福可言。"

年长者答道："你错了。不是工作的问题，是自己心态的问题。如果你能热情、认真地对待工作，你就会从中发现很多很多的乐趣和可以学习的东西。如果你抱着消极的心态去做这份工作，即使是让你做自己喜欢的工作，也学不到什么东西。"

对于工作来说，无论平凡或伟大，无论困难或容易，你的态度都将决定你能否取得相应的成果。我们在工作中肯定会有一些不尽如人意的地方，但是这些都是职业场合中普遍存在的现象。热爱工作才能取得成功，随便跳槽是浮躁的表现。你可能很不喜欢你眼下的工作，你从工作中得不到丝毫的乐趣，也毫无创造性可言。"简直烦透了！"你觉得百无聊赖。但你要记住，这并不是老板或单位领导的错。老板没有逼着你来他的公司上班，领导也没有强迫你在他的手下吃饭。当初，是你主动应聘到了这家公司；或者，是你托了关系好不容易才挤进了这家单位。你的历史，是你自己写成的。老板待你很刻薄，领导压根儿就没把你当人才看。那么，你就炒他们的鱿鱼好啦！如果你不想炒他们的鱿鱼，就说明他们可能还没你说得那么可怕，那么，需要改变的是你的态度。具体的做法就是：爱你的工作，唤起你的热情！

热情是工作的灵魂。生命中最巨大的奖励并不是来自财富的积累，而是由热忱带来的精神上的满足。当你兴致勃勃地工作，并努力使自己的老板和顾客满意时，你所获得的利益就会增加。你的言行中的热忱是一种神奇的要素，它足以吸引你的老板、同事、客户和任何具有影响力的人，它是你工作成功的基石。拥有了热情，你就增大了成功的砝码。职场中的每一处空间，都等待着热情的人们去开启。

美国著名人寿保险推销员弗兰克·帕克，正是凭借着自己的热情创造了职业生涯里的辉煌。在帕克还没进入保险界之前，他是一名职业棒球运动员。但是很快，他就被所在的球队开除了，理由是动作无力，没有激情。球队的经理对帕克说："没有热情的人，是不配做一名棒球运动员的。其他任何职业也一样。"这样的话让帕克大受打击，但他也从中得到了启发。

不久后，帕克来到了一个新的球队，他决定重新开始，立志做美国最有热情的职业棒球运动员。在球场上，帕克就像装上了发动机一样，强力地击出高球，把接球人的手臂都震麻木了。

热情给帕克带来了意想不到的结果，他的球技得到了很大的提高，而且，他的热情也感染了队里其他的队员，大家都变得激情四溢。结果，球队取得了前所未有的佳绩。凭着热情，帕克的薪水比原来增加了很多倍。可惜后来由于腿部受伤，不得不离开球场。后来他来到一家著名的人寿保险公司当保险助理，整整一年没有一点业绩。帕克又迸发了像当年打棒球一样的热情，很快就成为人寿保险界的推销明星。

工作带给我们的是快乐还是痛苦，主要取决于我们对工作的态度。只有像热爱生命一样热爱工作，才能把工作做到位，有一番作为。热爱工作是一种信念，积极乐观的人总是怀着这种信念为自己的理想奋斗着。更重要的是，我们努力工作换来的最高报酬，不在于我们获得多少钱，而在于我们因此会成为什么。那些头脑灵活的人拼命劳作绝不是仅仅为了赚钱，使他们保持工作热情的东西比金钱更为高尚：他们在从事一项迷人的事业！而这项事业，也必将结出丰硕的果实。三百六十行，行行出状元。这不仅强调了每一项工作存在的必然性和重要性，更说明了无论我们从事哪一项工作都可以大有作为，都可以做出一番事业来。

微软总部的办公楼里有一位临时雇用的清洁女工。在整个办公楼几百个雇员里，她是唯一没有任何学历的人，她的工作量最大、薪水最少，但她是整个办公楼里最快乐的人！

每一天，甚至每一分钟，她都在快乐地工作着。她对任何一个人都面带微笑，对任何人的要求，哪怕不是自己工作范围之内的，也都愉快地给予帮助。

热情是可以传递的，周围的同事也很快被她感染，有很多人和她成了好朋友。没有人在意她的工作性质和地位。她的热情就像一团火焰，逐渐蔓延。最后，整个办公楼的人都在她的影响下快乐了起来。

比尔·盖茨很惊讶她为何每天都那么快乐，于是忍不住问她："能告诉我，是什么让你如此开心地面对每一天吗？"

"我爱我的工作，因为我在世界上最伟大的企业里工作！"女清洁工自豪地说，"我知道我没有什么知识，所以我很感激公司能给我工作的机会，可以让我有不菲的收入，足够支持我的女儿读完大学。我只有以热爱并忠诚地工作来表达我的感激之情，尽最大努力把工作做好，一想到这些我就非常开心。"

比尔.盖茨被女清洁工那种热爱工作的情绪深深打动了，他动情地说："那么你有没有兴趣成为我们当中正式的一员呢？我想你是微软需要的员工。"

"当然，那可是我最大的梦想啊！"女清洁工说道。

此后，女清洁工开始用工作的闲暇时间学习计算机知识，出于对她热情态度的感谢，公司里的每个人都乐意帮助她。几个月后，她真的成了微软的一名正式雇员！

这位女清洁工对工作的热爱，让人们感觉到她把工作当成了世界上最神圣的事情，这怎么能不让企业领导为之动容？也正因为如此，这个世界500强企业的大门毫不犹豫地向她敞开了！世上的工作何止千百种，任何工作都需要有人去完成，有的工作岗位很平凡，甚至在许多人眼中很不起眼，但只要是发自内心地热爱这项工作，就能让自己体会到工作中的乐趣，热爱并且忠诚地工作，这样的状态也一定能得到领导的赏识，为自己打开向更高层次发展的大门。

热爱工作是成就一切的前提，事业成功与否，往往取决于做事的决心和热情的工作态度。在工作面前，拥有非成功不可的决心和满腔的工作热情时，困难往往迎刃而解，终将取得优良的工作业绩。因此，比尔·盖茨说："你可以不喜欢你现在的工作，但你必须热爱它。只要坚持热爱，平凡的工作也会有伟大的成就。"

鲍尔·海斯德是美国著名的药物学家。当他看到世界上每年有成千上万的人被毒蛇咬死时，便决心研制一种抗蛇毒的药物。他从天花的免疫力，联想到蛇毒免疫力。从15岁起，他就在自己身上注射微量的毒蛇胎体，并逐渐加大剂量和毒性。每注射一次，他就大病一场。他先后注射过28种蛇毒.经过多年的痛苦实验，他终于对蛇毒有了抗毒性。他还有意识地让毒蛇咬自己，以试验抗毒能力。包括世界上最毒的印度蓝蛇在内，他被各种毒蛇咬过130多次，都安然无恙。后来，他经常用自己有抗毒性的血去拯救被毒蛇咬伤的人。听说患者生命垂危，他就立即乘飞机前往。先后有20多人的生命被他从死神手里夺回。他还用自己的血试制抗蛇毒的药物。对自己岗位的爱，对自己职业的敬鲍尔·海斯德可谓达到了极致。

热爱职业，等同于热爱自己的生命，这是人类最伟大的情操之一。在我们的一生中，无论我们是富有还是贫困，是幸福还是不幸，我们可能无法选择，但我们却能够选择去履行那些在我们职业生涯中的职责。作为一名员工，如果你想成为卓有成效的人，你就必须对工作怀有满腔的热情。无论你面对什么样的工作，你都要以热情的态度而不是以冷漠的态度来对待它。态度热情，会使你充满活力，工作会干得有声有色；态度冷漠，会使你垂头丧气，工作会干得黯然失色。

5. 明确工作目标，坚持不懈干下去

把精力放在工作上，要制定清晰的工作目标。在生活中，没有目标的人，就像无舵的孤舟，终将被浩瀚的大海吞没；没有目标的人，就像一颗黑夜的流星，不知要陨落在何方；没有工作目标的人，就像无头苍蝇，东跌西撞，只能落得头破血流粉身碎骨的下场。

有人问罗斯福总统夫人："尊敬的夫人，你能给那些渴求成功，特别是那些刚刚走出校门的年轻人一些建议吗？"

总统夫人谦虚地摇摇头，但她又接着说："不过，先生，你的提问倒令我想起我年轻时的一件事。那时，我在本宁顿学院念书，想边学习边找一份工作做，最好能在电讯业找份工作，这样我还可以修几个学分。我父亲便帮我联系，约好了去见他的一位朋友，即当时任美国无线电公司董事长的萨尔洛夫将军。"

等我单独见到了萨尔洛夫将军时，他便直截了当地问我想找什么样的工作，具体哪一个工种。我想：他手下的公司任何工种都让我喜欢，无所谓选不选了，便对他说，随便哪份工作都行！

这时，将军停下手中忙碌的工作，眼睛注视着我，严肃地说："年轻人，世上没有一类工作叫随便 ，成功的道路是目标铺成的！"

将军的话让我面红耳赤。这句发人深省的话语伴随我的一生，让我以后非常努力地对待每一份新的工作。

我们做任何事情都要有明确的目标,选对目标才能确定出行的方向。在工作中,没有确立明确目标的人,是不容易得到成功的。许多人不乏信心、能力、智力,只是没有确立目标或没有选准目标,所以没有走上成功的途径。道理很简单,正如一位百发百中的神枪手,如果他漫无目标地乱射,就不能在比赛中获胜。

课堂上,老师在给学生讲故事:有三只猎狗追一只土拨鼠,土拨鼠钻进了一个树洞。这个树洞只有一个出口,可是不一会儿,居然从树洞里窜出一只兔子,兔子飞快地向前跑,并爬上另一棵大树。兔子在树上,仓皇中没站稳,掉了下来,砸晕了正在仰头看的三条猎狗,最后,兔子竟然逃脱了。

故事讲完后,老师问:"这个故事有什么问题吗?"

学生回答说:"兔子不会爬树;一只兔子不可能同时砸晕三条猎狗。"

"还有呢?"老师继续问。

直到学生再也找不出问题了,老师才说:"可是还有一个问题,你们都没有提到,土拨鼠哪儿去了?"

土拨鼠哪儿去了?老师的一句话,将学生的思路拉回猎狗追寻的目标——土拨鼠上。因为兔子的突然冒出,学生的思路在不知不觉中分了岔,土拨鼠竟在大家的头脑中消失了。

在现实工作和生活中,许多时候都像故事里的情景一样,"土拨鼠"原本是最初的目标,但因为忙于应付一只又一只跳出来的"兔子",竟然忘记了最初的目标——"土拨鼠"。因此,要想忙得有意义、有价值,就必须在忙碌的过程中始终紧盯目标,不受其他因素的干扰,坚持不懈。职场上有所成就的人最明显的特征就是,在做事之前就清楚地知道自己要达到一个什么样的目的,清楚为了达到这样的目的,哪些事是必需的,哪些事往往看起来必不可少,其实是无足轻重的。他们总是在一开始时就确立了最终目标,因而总是能事半功倍,能卓越而高效。

在19岁那一年,孙正义制定了自己的50年工作目标:30

岁以前，要成就自己的事业，光宗耀祖！40岁以前，要拥有至少1000亿日元的资产！50岁之前，要做出一番惊天动地的伟业！60岁之前，事业成功(营业规模至少一兆日元)！70岁之前，把事业交给下一任接班人。

为了实现自己的远大目标，孙正义一直都在进行着不懈的努力，当他还在上学的时候，就曾勾画了40个公司的雏形，并设计了一个50年创建公司的计划，如何筹集资本，如何把发明创造传下去。虽然当时这么想，但他还不知道他到底要干哪一个行业。

在1979年前后，孙正义还是个一文不名的穷学生，当时正在美国加利福尼亚大学伯克利分校就学。为了娶他的女朋友优美，孙正义开始考虑如何赚钱。

有一天，孙正义表情严肃地对优美说："我决定不再花家里的生活费了！这意味着我可能连自己都养不活了。"优美听后，吓了一跳，睁圆了两只大眼睛。孙正义这句话的另一层意思是，他早就想要娶优美，但是结婚，必须要能养活家人。

孙正义规定自己一天中学习以外的时间只有5分钟。随着对伯克利分校的日益熟悉，孙正义的生活也变得轻松起来。有了余裕的时间之后，他开始思索，有没有这样的工作，一天只做5分钟，一个月赚100多万日元呢？

既没有资本又没有关系，怎样才能实现自己的赚钱目标呢？有一天，孙正义突然灵机一动，想到了申请专利这个方法，然后靠卖专利赚钱。

这时候的孙正义虽然喜欢发明创造，却从未接触过发明专利。他必须尽快弄清楚什么样的发明才能成为专利以及专利的技术含量，然后才着手实际的发明。孙正义给自己规定一天想出一个发明后，便开始每天在发明簿上用英语记录发明创意，日积月累，居然写出了250多个发明。其中有一款袖珍翻译器，他还雇了一个教授制造出翻译器样机，然后申请了专利，以一百万美元的价格，把翻译器卖给了Sharp公司。至今Sharp公司仍把翻译器的技术应用在其Wizard个人电子器中。

后来,孙正义曾说:“一旦下决心成为第一,便积极朝着这个目标努力迈进,这是我个人的工作信条。”

在实现目标的过程中,我们总会遇到很多困难,但是我们坚持下来,就一定能够成功。有许多人并不是没有给自己设定目标,但他们没有成功。这是因为他们做事有始无终,在开始做事时充满热忱,但因缺乏毅力,不待做完便半途而废。如果一个人常放弃他所期待的目标,那么他就不会成为一个成功者,而只能是功亏一篑的失败者。因此,我们做任何事,事先应有一个尽善的目标,一旦目标确定之后,就不要再犹豫,应该遵照已经定好的计划,按部就班地去做,不达目的绝不罢休。

6. 拒绝拖延,快速行动起来

工作中有了好的想法,就马上去做,只有立即付诸行动,我们才可能取得成功。美国著名的心理学家戛利克说:“有93%的人由于拖延的恶习而一事无成,这是由于拖延能挫伤人的积极性,是成功的最大杀手。相反成功只属于拒绝拖延,立即行动的人。”美国国务卿鲍威尔有一句话:“去拖延一个问题远比做错还可怕,比做错付出的代价更大。”拖延的背后是人的惰性在作怪,缘于对惰性的纵容。对每一个渴望有所成就的人来说,懒惰和拖延是最具破坏性的。一个公司很有可能因为短暂的拖延而损失惨重,这并非危言耸听。因此,我们就要克服懒惰和拖延的坏习惯。

汉斯和邦德是非常要好的朋友。几年前,两人看到本地的人们开始摆脱过去那种自给自足的生活方式,衣着服饰都趋向于商品化。于是,两个人决定各自开办一家服装厂。汉斯说做就做，立即行动起来。没过多久，就将产品推向了市场。而邦德却多了个心眼，他想先看看汉斯的服装厂经营的怎么样再做打算，因此没有行动。

汉斯的服装厂开办不久，确实遇到了很大的困难：市场打不开，产品滞销，资金周转不灵，工资不能按时发放，工作的积极性下降…… 一看到这种情况，邦德心中暗自庆幸自己没有盲目地行动，否则也会陷入困境。但是顽强的汉斯并没有在困难面前倒下，他针对困难一一想出解决办法。一年之后，他的服装厂终于渡过了难关，利润也滚滚而来。

看到汉斯的钱包一天天鼓起来，邦德后悔莫及。于是，他也开办了一家服装厂，但已为时过晚。由于早办了一年，汉斯赢得了众多客户和广阔的市场，而邦德的客户寥寥无几。几年之后，汉斯的行销网络遍及美国各地，拥有数亿元资产。邦德的服装厂却只能为朋友的鞋厂进行加工，资产更是少得可怜。

这两位朋友同时看到了机会，但是汉斯马上行动，占尽先机，邦德却犹豫观望，坐失良机，最后的收获却是天壤之别。

看完这个故事，你是不是也联想到了自己，如果当年怎样现在就会怎样，我们经常为自己过去没有做某些事情而悔恨莫及。但是，就像上例中的邦德，他完全可以拥有财富。可是，当机会来到他的身边时，他拖延了，结果，他的一生过得很凄苦。

成功者做事从不懒惰和拖延，懒惰和拖延的结果是平庸。把前天该完成的事情拖延敷衍到后天，这是一种很坏的工作习惯。它使人丧失进取心。一旦开始遇事推脱，就很容易再次拖延，直到变成一种根深蒂固的习惯。解决拖拉的唯一良方就是行动。

迈克是英国阿瑞斯公司的一名低级职员，他的外号叫“奔跑的鸭子”。因为他总像一只笨拙的鸭子一样在办公室飞来飞去，即使是职位比迈克还低的人，都可以支使迈克去办事。

后来迈克被调入了销售部。有一次，阿瑞斯公司下达了一项任务：必须完成本年度 500 万美元的销售额。销售部经理认为这个目标是不可能实现的，私下里他开始怨天尤人，并认为老板对他太苛刻，为了使公司降低年度销售指标，有意将与之相关的工作计划一拖再拖。

只有迈克一个人在拼命地工作，到离年终还有1个月的时候，迈克已经全部完成了他自己的销售额。但是其他人没有迈克做得好，他们只完成了目标的50％。

看到这种情况，经理主动提出了辞职，表现出色的迈克被任命为新的销售部经理。“奔跑的鸭子”迈克在上任后迅速采取了一系列的新措施，亲自带领员工们忘我地工作，在年底的最后一天，他们竟然完成了剩下的50％销售额。

不久，阿瑞斯公司被一家大公司收购。当大公司的董事长吉瑞第一天来上班时，他亲自点名任命迈克为这家公司的总经理。因为在双方商谈收购的过程中，这位董事长多次光临阿瑞斯公司，这位“奔跑”的迈克先生给他留下了十分深刻的印象。

“如果你能让自己跑起来，总有一天你会学会飞。”这是迈克传授给他的新下属的一句座右铭。

成功必须以行动去争取。如果你有一个新的想法，想获得结果，那就行动吧！

在工作中，有一种惰性极强的人，他们总是消极地对待工作，没有进取心，不愿意去参与竞争，只要有机会偷懒，他们决不放过。事实证明，这样做的结果，受害的只能是他们自己。因此，我们不要抱怨没有加薪的机会，没有升迁的机会，没有发展的机会，其实公司给我们每个人的机会都是平等的，就看你有没有抓住这些机会的行动。一切美好的愿望都需要我们去行动，没有果断的行动，就是再美好的梦想也只能是一团泡影，这就是行动的魅力所在。

英国著名的设计师凯迪，一直梦想着盖一座世界最高的顶尖级建筑，这是他毕生的理想和追求，为此他准备了数十年关于高层建筑的理念，包括鉴定了什么样的材料最为合适，图纸画了上万张，在他无休无止的推敲和拖延中，美国、新加坡相继盖起了自己的摩天大楼，凯迪到死也没有实现自己的愿望，他的理想还是一堆图纸。

凯迪在遗嘱中告诫人们：世上没有被计算得最完美、最精确的事物，上帝也从来没有把万无一失、一切到位的福分交给人类，你总要去行动，总要在差不多的时候，赶紧迈步向前。

结果来自行动。虽然行动不一定有结果，但不行动一定是没有结果的，无论你如何思考，无论你思考了什么，也不论你的思考水平有多高，都不能通过思考获得结果。结果永远只能从行动中获得，不可能通过思考获得。只有空洞的想法和意愿，却不行动，不付出努力去实现它，那么你的想法再好，也最终只会是一只“不会下蛋的公鸡”。所以，请别只是说而不行动，要用行动把你的想法实现。

一个走出大学校门不到10年的年轻人能挣多少钱？陈天桥给出的答案是——150个亿！陈天桥是中国网络游戏产业的奠基人和领军人物，缔造了一个白手起家创业的神话，其影响力遍布国内及全球。

1999年，26岁的陈天桥与弟弟陈大年在上海浦东新区科学院专家楼里的一套三室一厅的屋子里创立了盛大网络，并推出网络虚拟社区“天堂归谷”。2000年的时候，盛大网络获得了中华网300万美元的注资。这时候的陈天桥，总是“善于”发现新的赚钱机会，于是很快，盛大广泛涉足了网上互动娱乐社区的开发经营、即时通讯软件的开发和服务以及网上动画、漫画。这时候，盛大网络进入了迷茫而无序的发展状态。盲目发展很快结出了恶果，盛大网络陷入困顿中。在总结了自己的失败原因之后，陈天桥开始寻求改变。这时《传奇》进入了他的视野并把他深深吸引了，他立刻给中华网写了厚厚一叠项目建议书。“我们把《传奇》拿回来很高兴地向我们的投资方说这是一个非常好的商业领域，我们认为到年底不但能赚钱而且能赚大钱。但是当时我们的投资方觉得我们在讲一个神话，所以他说你可以一个人走，但是我们不陪你走。”

最终，陈天桥与中华网分手，中华网按股份留给陈天桥30万美元。2001年7月14日，盛大和《传奇》海外版权持有商Actoz以每年30万美元的价格签约。陈天桥剩余的30万美元全部进了Actoz的口袋。“合同签完后，我就没钱了，但游戏运营才刚开始，光服务器跟网络带宽就需要一大笔钱，形势十分危险。”陈天桥回忆道。

脱离了中华网，陈天桥也深刻感受到死神的脚步：“2001年之前盛大几乎每天都有可能死去，在2002年盛大每个月都有可能死去，进入到2003年盛大每个季度都有可能死去。”但是陈天桥并没有被吓倒，他决定裁员，首先把五十人的公司裁成二十人，最早的那批人全部留下来，但却拿八折的工资。此外，为了解决硬件设施问题，“我们就拿着与韩国方面签订的合约，找到浪潮、戴尔，告诉他们我要运作韩国人的游戏，申请试用机器两个月。他们一看是国际正规合同，于是就同意了。”陈天桥回忆说。然后，拿着服务器的合约，以同样的方式找到中国电信谈。中国电信最终给了盛大两个月测试期免费的带宽试用。有了韩方的合同，再加上服务器厂家和中国电信的支持，陈天桥又取得了当时国内首屈一指的单机游戏分销商上海育碧的信任，代销盛大游戏点卡，分成33%。

2001年9月28日，《传奇》开始公测，2个月后正式收费，同时在线人数迅速突破40万大关，全国点卡集体告罄，资金迅速回笼，盛大安然度过了这场生死玄关。这时候离盛大和Actoz签约仅仅4个月。盛大以其快节奏首次突破了死神的魔掌。2004年5月盛大网络在美国纳斯达克股票交易所上市，陈天桥成为亿万富翁。回首这段往事，陈天桥深感自豪：“现在回过头来看如果说对我的创业密码做一个总结的话，我觉得就两个字‘节奏’。世界上没有做错的事情，永远是时间错误。”

“要做就立刻去做!”这是成功人士的格言。凡是将这句格言作为座右铭的青年都不会有悲惨的结局，凡是做事拖延的人必定会成为生活中的弱者。凡是有力量、工作主动的人，总能够在对一件事情感到新鲜并且自己充满热忱的时候，迎头去做。拖延并不能解决任何问题，相反，懒惰和拖延只会让问题越积越多。习惯拖延阻碍一个人的成功。

成功属于谁？成功属于那些充满自信的行动者！把精力放在工作上就要改掉懒惰和拖延的坏习惯，快速行动起来，只有这样离成功才会越来越近。

第三章

忠于职守，任何时候都不放弃责任

忠于职守，负起责任，这是最基本的工作要求，也是最高的职业准则。岗位就是责任，这是一句响亮的口号。这是做好一件事的根本，也是赢得企业赏识的前提。一个把精力放在工作上的员工，任何时候都不会忘记自己的责任。不管你是在做一份接线员的工作，还是身担总经理的大任，既然已从事了一种职业，选择了一个岗位，就必须做好它的全部。

1. 工作意味着责任，不负责=不称职

在工作中，责任是一种担当，一种约束，一种动力，一种魅力。责任的存在，是上天留给世人的一种考验，许多人通不过这场考验，逃匿了。许多人承受了，自己戴上了荆冠。逃匿的人随着时间消逝了，世人会把他忘却。承受的人也会消逝，但他们的精神却被人铭记。

负责是每个人应有的品质。只要是你的责任，你就要勇敢地承担。面对你的职业、你的工作岗位，请你记住，把精力放在工作上就是你要为自己的工作负责。一个人不管从事什么职业，处在什么岗位，每个人都有其担负的责任，都有自己分内应做的事情。既然你选择了这份工作，你就应该承担起这份责任，因为工作就意味着责任，不负责就是不称职。在这个世界上，没有不需要承担责任的工作；相反，你的职位越高、权力越大，你肩负的责任就越重。

2012年5月29日早7点10分，吴斌驾驶着浙A19115大客车从杭州出发，开往无锡，10点10分顺利抵达。休息了1个小时后，11点10分，吴斌从无锡站再次出发，准备返回杭州，可这次，吴斌没能平安回返。

11时40分左右，车辆行驶至锡宜高速公路宜兴方向阳山路段时（江苏境内），突然一铁块（后确认为制动毂残片）从空中飞落击碎车辆前挡风玻璃再砸向吴斌的腹部和手臂，导致吴斌肝脏破裂及肋骨多处骨折，肺、肠挫伤。在危急关头，他强忍剧烈的疼痛将车辆缓缓停下，拉上手刹、开启双闪灯，以一名职业驾驶员的高度敬业精神，完成一系列完整的安全停车措施，之后，他又以惊人的毅力，从驾驶室艰难地站起来告知车上旅客注意安全，然后打开车门，安全疏散旅客。当做完这些以后，耗尽了最后一丝力气的他，瘫坐在座位上。吴斌，他没有把最宝贵的第一时间留给自己拨叫120，而是留给了车上的24名旅客。后被送往中国人民解放军无锡101医院抢救。2012年6月1日凌晨3点45分，吴斌因伤势过重抢救无效死亡，年仅48岁。

把精力放在工作上就是对工作负责，对自己负责。在这方面吴斌是我们学习的榜样。每个人的生命里都沉淀着责任，负责的工作是我们生活的一部分，也是我们生命的重要组成部分。任何时候，我们都不能放弃肩上的责任，扛着它，就是扛着自己对生命的信念。

责任体现着一个人存在的价值。我们的家庭需要责任，因为责任让家庭充满爱。我们的社会需要责任，因为责任能够让社会平安、稳健地发展。我们的企业需要责任，因为责任让企业更有凝聚力、战斗力和竞争力。无论你做什么样的工作，只要你能认真地勇敢地担负起责任，你所做的就是有价值的，你就会获得尊重和敬意。一个人应该为自己所承担的责任感到骄傲，因为你已经向别人证明，你比别人更突出，你比他们更强。

石磊是一名大四的学生，在一家建筑公司实习。刚上班，恰逢当时是工程全面开展的时期，于是，他就被安排到工作第一线——施工现场承担技术方面的工作。施工现场的条件非常艰苦，工地的道路全是土路，一遇刮风下雨，不是风沙弥漫，就是泥泞难行。工地的职工宿舍是临时搭建的简易房，石磊和工地的师傅同吃同住。石磊的工作量不算太大，但是很烦琐，楼上楼下，里里外外，一天至少要跑几十趟。晚上下了班，他疲惫得连饭也不想吃，只想躺下来好好地休息。这些都是石磊以前所从未经历过的，尽管来之前，他已经做好了足够的心理准备，但是现在，他却怀疑自己是否能够坚持下来。就在这时，一件事情彻底改变了他的这些消极想法。那天深夜，天气骤变，电闪雷鸣，不一会儿便下起了倾盆大雨。大家经过一天辛苦的工作，也都非常劳累了，石磊和同一宿舍的工长郑师傅也早已进入了梦乡。突然，门外响起急促的敲门声，有人喊道："郑师傅，郑师傅，工地基坑边坡有一部分滑坡了！"郑师傅翻身坐起，迅速披上外套，穿好鞋子，戴上安全帽，拿起雨伞和手电，打开屋门，便大步走了出去。不知过了多久，郑师傅才回到宿舍。第二天，石磊忍不住问郑师傅："工地现场不是还有专门负责的人吗？您告诉他们怎么处理不就成了吗？您这么大岁数了，还要冒雨亲自出去一趟，何苦受这个罪？"郑师傅听了石磊的话，只是微微一笑说："这是我的责任！"

"这是我的责任！"这短短的一句话，深深地触动了石磊。在郑师傅身上，石磊看到了一名老员工良好的敬业精神和工作责任心。施工现场的技术工作既是辛劳烦琐的，又是责任重大的，技术方面的工作要求自然严格、详细，容不得一丝一毫的放松与懈怠，任何一个不负责任的行为，都可能带来严重的后果。

责任是成功的先决条件，责任在哪里，结果就在哪里。无论做什么工作，有责任感的人，就会出色地完成任务，就会离成功越来越近；缺乏责任感的人，对自己的工作是敷衍、应付，甚至是视而不见，能拖就拖，那他的工作永远不会有起色，永远会被关在成功的大门之外。责任是工作的导向，不要把目光盯在职位上，而要把目光放在责任上；不要把重心放在获取薪水上，而要把重心放在创造价值上。有责任感的员工，才能更好地为企业、为自己创造价值。

我们来看一个关于韩国总统李明博的故事：大学毕业后，李明博进了现代集团，在一个建设工程工地担任出纳员。不久，就被派往了泰国，参与韩国建筑史上第一项海外工程芭迪雅——那拉迪瓦高速公路的建设，担任工地最基层的出纳人员。当时，为了节省成本，工地雇用了不少当地的工人。可是由于语言不通，管理上出现麻烦。导致工地上矛盾冲突不断。

一天，他正在整理账簿，一群泰国工人冲进工地现场开始闹事，有的工人还挥着短刀。一见这样的架势，所有的人都逃离了现场，只有李明博留了下来。当时，大约有15个闹事者冲进了他的办公室，其中一个人把短刀插到他面前的桌子上，让他把保险柜的钥匙交出来，但他坚决不交，闹事者两次将短刀插向他的脖子，但他还是拒绝交出钥匙。闹事者看威胁不成，就让他把保险柜打开，结果他把保险柜死死抱在了怀里。这下闹事者更加愤怒了，于是大家一齐上，开始对他拳打脚踢。但就算是这样，李明博还是紧紧抱住保险箱不放。幸好这时候，传来了警车的鸣叫声，暴徒们见势不妙，才一哄而散，李明博这才捡回一条命。

这件事情之后，“李明博不惜生命保住了公司的保险柜”的事很快就在整个现代传开了，这也成了他扎根现代的契机。年仅35岁，他就当上了现代集团的社长。或许在很多人看来，为了公司的保险箱，差点丢了自己的性命，未免也太不值得，何况，自己又不是公司的什么重要人物，不过是一个可有可无的小出纳员而已。但是从另一个侧面也可以看到，连为了一个保险箱都不惜丢掉性命的人，那么对待公司其他的事情，其用心和认真，就可想而知。

改变职场命运，首先要从负责开始。责任是做好一切工作的保证。任何一名员工，只要愿意为企业的利益着想，对自己的所作所为负起责任，并且持续不断地寻找解决问题的方法，就会成为所在企业的主人。只有那些勇于承担责任的人，才有可能被赋予更多的使命。在担负起责任的同时，也为自己积淀着成功的人格基础。

一个人只要有认真负责的态度，就会随时保持紧迫感，会经常反思自己是否做好了分内的事情，会经常思考改进、完善工作的方法。海尔的一位员工这样说过：“我会随时把我听到的、看到的对我们海尔公司产品的意见记下来，无论是在朋友的聚会上，还是走在街上听陌生人说话。因为作为一名员工，我有责任让我们的产品更好，有责任让我们的企业更成熟、更完善。”这就是海尔人的责任意识，这就是海尔的产品能够畅销全球的“核心”秘密。因此，在工作中，只要负责去做，我们可以做得更好！

2. 对工作负责就是对自己负责

美国总统奥巴马在他的就职演说中说:“这个时代不是逃避责任,而是要拥抱责任。”责任是人生的一种追求,责任是对自己所负使命的忠诚和守信;责任是让自己工作出色完成的动力。在这个商业化的社会里,人们越来越欣赏那些敢于承担责任的人。大家认为,只有这样的人才能给人一种信赖感,才值得与之交往,也只有这样的人,才能为公司带来效益。所以,我们把精力放在工作上就应该培养勇于负责的精神,这样,才会获得别人的敬重,为自己赢得尊严。

一个名叫吉埃丝的美国记者,有一次来到日本东京,在奥达克余百货公司买了一台唱机,准备送给住在东京的婆婆作为见面礼。售货员特地挑了一台尚未启封的机子给她。然而当她回到住处,拆开包装试用时,却发现机子没装内件,根本无法使用。吉埃丝火冒三丈,决定第二天一早去百货公司交涉,并迅速写了一篇新闻稿——笑脸背后的真面目。

第二天一早,一辆汽车赶到她的住处,从车上下来的是奥达克余百货公司的总经理和拎着大皮箱的职员。他俩一走进客厅就连连道歉,吉埃丝搞不清楚百货公司是如何找到她的。那位职员打开记事簿,讲述了大致的经过。原来,昨日下午清点商品时,发现将一个空心的货样卖给了一位顾客,此事非同小可,总经理马上召集有关人员商议。当时只有两条线索可循,即顾客的名字和她留下的一张美国快递公司的名片。据此百货公司展开了一场无异于大海捞针的行动。打了32次紧急电话,向东京的各大宾馆查询,没有结果。于是,打电话到美国快递公司的总部,深夜接到回电,得知顾客父母在美国的电话号码,接着,打电话到美国，得到顾客婆婆家的电话号码，终于找到了顾客的落脚地。这期间共打了35个紧急电话。职员说完，总经理将一台完好的唱机外加唱片一张、蛋糕一盒奉上，并再次表示歉意后才离去。吉埃丝的感激之情可想而知，她立即改写了新闻稿，题目就是“35个紧急电话”。

“35个紧急电话”的表扬稿见报后，反响强烈，奥达克余公司因一心为顾客服务而声名鹊起，门庭若市。奥达克余公司将一桩坏事变成了好事，不仅挽回了公司的信誉，而且还提高了公司的知名度和美誉度，为公司创造了巨大的价值。假如没有这35个紧急电话，假如没有奥达克余公司强烈的责任意识和竭尽全力的挽救，错售空心唱机货样的小事，势必给公司的利益带来损害，更不会有如此漂亮的结局。

无论是我们的老板还是我们的员工，大家都在承担着自己的责任。一个主动承担责任的人，肯定是一个业绩出众的人。相反，推卸责任，就等于推掉了提升业绩的机会和被提拔的机会。一个企业就像一个大家庭，每个员工都有不同的工作岗位，同时也担负着不同的责任。如果你是一名员工，你就有责任去完成自己的本职工作；如果你是一名管理人员，那么你就要认真做好自己所分管的管理工作；如果你是一名领导者，你就有责任带领员工把单位效益搞上去，提高职工的福利待遇，让企业发达兴旺。在任何一家公司，只要你努力工作，负责地对待每一件事情，你就会受到重用。

勇于承担责任是一个人立足职场并做出成绩的基础和保障。在工作中，我们要清醒、明确地认识到自己的职责，履行好自己的职责，发挥自己的能力，克服困难完成工作。只要认识到、了解到自己的责任，清楚自己的职责，并承担起自己所在工作岗位的责任，那么工作就会由压迫被动转化为积极主动，并享受到工作的乐趣，体验到取得成绩的快乐。

三年前，高考落榜的刘娟从老家江苏的一个小镇来到北京打工。就在她身上现金所剩无几，已打好行囊准备返家时，房东阿姨说有一家汽车销售公司通知她去上班。刘娟对这份得之不易的工作十分珍惜，尽管做的是前台接待，同时还兼做公司的很多杂务，工资也不高，但她工作认真负责。对没整理好的材料，她经常一个人自愿留下来加班，直到处理完毕。

有一天，她加班刚刚做完工作正欲锁门时，接到一个传真。那是一份来自英国的传真。只有高中学历的她，只认得其中不多的单词，至于内容，她全然不懂。她打电话给老板，可老板关机。她本打算第二天上班再交给老板处理，可机警的她忽然意识到英国和中国的时差问题，说不定对方还等着回传呢。于是她坐下来，拿起英汉辞典及汽车专用英汉辞典翻译起来。搞懂意思后，她又用蹩脚的英语回了传真，回家后，她一夜没睡好觉，这么大的事没经老板批准就独自做主回了传真，真不知老板会怎么处置她。

谁知，第二天上班老板欣喜若狂，是刘娟及时给英方回了传真，才使得他们在其他几个同样接到英方传真的中方公司之前抢了先机，为公司争得了开张以来的首单大宗生意。刘娟"多负"的一份责任，给公司带来了一笔可观的利润，而她本人也得到了一份不菲的奖金。从此，她一路走下去，如今已是年薪 70 万元的营销总监。

把精力放在岗位责任上是员工迈向成功的第一准则。勇于承担责任能确保一家企业在竞争中生存。企业的责任是体现在每一位员工身上的，企业责任的承担者首先是企业的每一位参与者。在企业中每一位员工都在不同的时间、不同的地点，扮演着不同的角色，而每一个角色都意味着不同的责任。做好自己的角色，承担这个角色必需的责任，才能体现自己的价值。

张海是一家家具厂的采购员。由于企业计划进一步扩大生产规模，为了提高产品质量以增强市场竞争力，企业决定从东北地区引进一批优良木材，于是，公司派张海去采购这批木材。有的人很羡慕他能有如此"美差"，因为这次公司采购的份额很大，只要在报价上略施小计，肯定能捞不少的"外快"。

到了东北以后，张海并没有直接去找供货商联系，而是先到木材市场做了一番深入细致的调查。他联系到了几个同行，大家在一起交流后，张海发现自己所要采购的这批木材的市场价格比供货商开出的价格要低五个百分点。于是，张海对市场作了进一步的研究分析，很快得到了供货商的价格底线。

张海并没有隐瞒这个事实，立即将自己所掌握的信息向公司作了汇报，在接到公司要求张海全权负责的通知之后，他开始找供货商谈判。由于已经对市场作了调查，张海并没有被供货商的花言巧语所迷惑，最终以很低的价格签订了购买合同。基于张海对公司做出的贡献及对工作认真负责的态度，他很快受到了公司的重用，被任命为供应部门的主管经理。

社会学家戴维斯说："放弃了对社会的责任，就意味着放弃了自身在这个社会中更好生存的机会。"同样，如果一个员工放弃了对公司的责任，也就放弃了在公司中更好的发展机会。在每一个公司里，老板最看不上的是那些对工作不负责的人，最赏识的是那些认真负责的员工。一名员工承担的责任越多越大，证明他的价值就越大。所以，应该为你所承担的一切感到自豪。想证明自己最好的方式就是去承担责任，如果你能担当起来，那么祝贺你，因为你不仅向自己证明了自己存在的价值，你还向社会证明了你的价值。

3. 负责，就是以高标准来要求自己

人类的工作是一种系统化的工作，为建立一个负责的社会和企业，每个人都应该意识到自己的岗位职责。责任意味着什么？意味着必须对自

己的行为负责。对于任何一名员工来说,接手了一份工作,就是作出了一项承诺,承诺自己会把工作做好。只要是属于你的工作范围,你就必须负责。如果你还不明确自己的职责是什么,那么你就还没有真正地工作。

薛晓晓是一名普通的大学生,学的是文秘专业。毕业那年,在北京一家教育机构实习。刚去的时候,她暗下决心要好好工作。但作为新人,她每天除了一些简单工作没有什么别的任务。于是她大胆向领导要求一些新的任务。领导随手扔给她一个课题调研报告,说:"两个月内完成就行了,到时给你个实习鉴定。"

接到新任务后,薛晓晓查资料,跑调研,几乎天天思考怎样能做得更好,在这样的工作状态下仅仅三周时间就完成了它。当薛晓晓拿着调研报告给领导时,领导吓了一跳,对她刮目相看,随后又给她安排了几个任务,她都提前完成了,而且还做得十分到位。

实习结束后,领导没多说什么,但不久,这个教育机构就去学校和她签了工作合同。教育机构的上级部门很奇怪,说:"我这儿有好几个研究生,你都不要,却要一个普通的大专生,不是开玩笑吧!"

"一个真正有用的人才,在于她拥有高度的责任感,能够创造出自己的价值。薛晓晓是一个值得被委以重任的人,什么工作在她的手上都能很好地完成。"领导这样说。

无论自己的工作岗位如何,都要有积极负责的敬业态度。人的很多决定和行为来自于人的工作态度,作为企业的员工需要有正确的工作态度,在工作中,你的工作态度决定了你的前景。负起自己的责任,把精力放在岗位责任上的最大受益者是我们自己。因为一种对事业高度的责任感和忠诚感一旦养成之后,会让你成为一个值得信赖的人,可以被委以重任的人,这种人永远不会失业。

著名演员赵丽蓉,其作品给无数人带去了快乐和欢笑,她也成了深受大家喜爱的人民表演艺术家。她的艺术成就和广阔的人生世界，和她的思想境界是分不开的。

提起赵丽蓉老师的小品《打工奇遇》，很多人都印象深刻，尤其是在小品最后，赵老师潇洒提笔写下的四个大字："货真价实"，可谓是经典中的经典。看着那几个苍劲有力的大字，很多人都猜测赵老师一定从事书法研究很多年。但实际上，她才练了不到两个月。当时，编导随口提了一句，如果赵老师能在最后写几个毛笔字，那效果就更好了。可赵老师没有上过学，平时字都认不太全，更别说写出优美的毛笔字了。没想到赵老师却把这事当真了。回家后，她马上让儿子写了"货真价实"四个字，天天照着练习，常常一写就是几个小时，家里沙发上、地上全是她练习的作品。有时晚上睡着睡着，她会突然爬起来，打开灯，拿出笔和纸，认真开始练习。直到自己认为有进步了，才拖着疲惫的身子上床休息。

当时赵老师已年近70岁，大家都心疼地劝她：那么大年纪了，至于那么卖命吗？但她一点都不理会，照练不误。一个多月过去了，报纸用了七八十斤，宣纸都用了几麻袋，最终让观众折服在这四个大字下。设想一下：假如你是她，你会找理由吗？就算不写那四个字，也不会影响小品的基本质量；自己没上过学，字都认不全，更别说写毛笔字；已经是古稀之年，身体又不好，何必劳这样的神；更主要的是，已经是著名的演员，有必要这样拼命吗？但她没有找任何托辞。她想到的只有一点：只要站在这个舞台上，就要对每一位观众负责，就要把最好的效果拿出来。不同寻常的境界，让这位古稀老人做出了不同寻常的举动。她的境界，赢得了观众深深的爱戴。而这反过来，又丰富了她的世界，成就了她辉煌的艺术人生。

责任重于泰山。可以说一个人的成功，来自于追求卓越的精神和不断超越自身的努力。从某种意义上讲，责任已经成为人的一种立足之本。一个人成功与否在于他是不是做什么都力求做到最好。成功者无论从事什么工作，都绝对不会轻率疏忽。因此，在工作中他会以更高的标准要求自己。能够做到最好，就必须做到最好，能够完成百分之百，就绝不只做百分之九十九。只要你把工作做得比别人更完美、更快、更准确、更专注,动用你的全部智能,就能引起他人的关注,实现你心中的愿望。

第二次世界大战中期,美国空军和降落伞制造商之间发生了分歧。因为降落伞的安全性能不达标。

事实上,通过努力,降落伞的合格率已经提高到了99.9%,但军方要求达到100%,因为如果只达到99.9%,就意味着每1 000个跳伞的士兵中,就会有一个因为降落伞的质量问题而送命。

但是降落伞商却不以为然,他们认为99.9%已经够好了,世界上没有绝对的完美,根本不可能达到100%的合格率。

军方在交涉不成功时,改变了质量检查方法,他们从厂商已交货的降落伞中随机挑出一个,让厂商负责人装备上身后,亲自从飞机上往下跳。

这时,厂商才意识到100%合格率的重要性。奇迹很快就出现了,降落伞的合格率一下子达到了100%。

千万别小看偶然的失误或微小的不合格,现实工作中的失败,很少是由某种大错误造成,而多数是由0.1%的小错误造成的。百次决策中有一次失败了,就可能让企业关门;一百件产品中有一件不合格,就可能失去整个市场;一百个员工中有一个背叛公司,就可能让公司蒙受无法承受的损失。面对竞争日益激烈的市场环境,企业必须建立“顾客利益至上”的思想,完全满足客户的需求和期望,这就要求任何公司产品的质量都不允许出现半点瑕疵,对产品的品质追求零缺陷。因为如果差不多就好,对产品质量进行妥协,就可能对顾客造成百分之百的损失,而这对公司信誉造成的损失则是更加巨大的。一位企业经营者这样说:“如今的消费者是拿着‘显微镜’来审视每一件产品和企业的。在残酷的市场竞争中,能够获得较宽松生存空间的企业,不是‘合格’的企业,也不是‘优秀’的企业,而是‘非常优秀’的企业。”

因此,责任决定工作结果,高标准的负责才能锁定结果。没有责任,对工作只会敷衍;有了责任,工作才会有好结果。不要总是抱怨企业怎么不尽如人意，而应当想想自己有无不可推卸的责任。优秀的管理者和员工，会在自己的工作范围内，以自己的魅力和形象去感召和凝聚大家；或在自己的管理活动中恪守自身之责，并不断开创新局面。

4. 任何借口都是在推卸责任

日常生活中，常听到这样一些借口：上班晚了，因为路上堵车、手表停了；考试不及格，因为出题太偏、题型太难；做生意赔了本，工作、学习落后借口更是五花八门。似乎只要有心去找，借口总是有的。其结果是：每个人都努力寻找借口来掩盖过失，推卸本该承担的责任。任何借口都是推卸责任。在责任和借口之间，选择责任还是选择借口，体现了一个人的生活和工作态度。把精力放在工作上就要学会自觉地拒绝借口。

张丽莉是黑龙江省佳木斯市第十九中学的语文教师，2006年毕业于大庆师范学院文学院03级本科班，分配到佳木斯市第十九中学任教(虽在这所中学执教五年多，却一直都没有拿到正式的教师编制，也没有医保，每月工资仅为1000元)。2012年5月8日20时38分，在佳木斯市胜利路北侧第四中学门前，一辆客车在等待师生上车时，因驾驶员误碰操纵杆致使车辆失控撞向学生，危急之下，教师张丽莉将学生推向一旁，自己却被碾到车下，造成双腿截肢，骨盆粉碎性骨折，另有4名学生受伤。

据佳木斯市宣传部工作人员介绍：当时肇事的醉酒女驾驶员精神恍惚，还与车上人说话，将腿别到操纵杆上，车辆一下子就蹿了出去，与前方停在路边的另一辆客车相撞，顺势又撞到停靠在路边的同向依维柯客车及对向的一辆本田轿车。晚课放学时，人群密集，十九中学教师张丽莉在疏导学生过程中，发现车辆撞向学生，危急情况下，她将学生奋力推向一旁，自己却被碾到车下。致使双腿截肢。

事件发生后，人民日报、新闻联播等主流媒体，纷纷报道了“最美女教师”的感人事迹，黑龙江省主要领导要求医院全力救治张丽莉，黑龙江全省掀起向张丽莉学习的高潮；紧接着，中华全国总工会授予张丽莉全国“五一劳动奖章”称号，全国妇联授予张丽莉全国“三八红旗手”荣誉称号，教育部也授予张丽莉“全国优秀教师”称号。

在这个世界上，我们每一个人都有责任。张丽莉是自觉选择责任、拒绝借口的楷模。无论你做的是什么工作，只要能认真地、勇敢地担负起责任，那么所做的就是有价值的，就会获得别人的尊重。责任伴随着我们生命的始终。从我们来到人世间，到我们离开这个世界，我们每时每刻都要履行自己的责任和使命。

现实中，我们大多数员工责任意识是比较强的，工作中是认真负责的，工作成效也是显著的。但毋庸讳言，也确有不少员工责任意识淡薄，缺乏应有的责任感和敬业精神，工作得过且过，做一天和尚撞一天钟，甚至个别员工处处从个人利益出发，计较个人得失。在这些员工看来，工作不过是为了赚点钱花，在工作上稍微有一点困难，他们脑海中马上就会浮现出许多理由。当要执行任务时，还经常说：“算了，太困难了”或“人手不够，做不了”等等。更令人失望的是，有些业务员早上在公司报了到，然后跑出去喝咖啡，上司问他要找的客户找到没有，他就说“客户不在”或者“客户没空，约好明天见”等理由来推脱。这样的员工，多么令人失望啊！他们不仅是逃避责任，更是对自己工作能力的扼杀。如果在工作中总以某种理由为自己的过错和应负的责任开脱，很可能会让你形成一种寻找借口的习惯。这是一种十分可怕的消极心理，它会让你在工作时变得拖沓而没有效率，会让你变得消极而最终一事无成。

在某钢铁企业的一次会议上，各个部门的经理正在讨论。

营销经理说：“最近不锈钢产品销售做得不好，我们有一定责任，但是最主要的责任不在我们，竞争对手纷纷推出新产品，比我们的产品好，所以我们需要研发部门认真总结，开发新产品。”

研发经理说：“我们最近推出的新产品是少，但是我们也有困难呀，我们的新产品预算太少，就是这样，今年少得可怜的预算，也被财务削减了一成！”

财务经理说：“不错，我是削减了研发部门一成的预算，但这是因为公司的原料成本在上升，我们不得不这么做。”

采购经理说：“我们今年的采购成本上升了10%，你们知道为什么吗？俄罗斯的一个生产铬的矿山停产了，市场供应减少导致不锈钢价格猛烈上涨。”

这时营销经理、研发经理、财务经理都好像如释重负般地一起说：“哦，原来是这样啊！看来问题出在俄罗斯，和我们大家没什么关系啊！”

但是公司老总十分生气，他说：“这样说来，我只好去考核俄罗斯的矿山了！”

任何对于岗位责任的推脱、不满或抱怨，带给企业组织的只能是破坏和无效的。所以，认清每一个人的责任是很有必要的。企业界一个个鲜活的实例告诉我们，只有坚持了“岗位就是责任”这一重要原则，我们的员工才能更好地随着企业的发展而进步。对我们而言，不要用任何理由来为自己开脱或搪塞，任何理由都是推卸责任。无论做什么事情，都要记住自己的责任，无论在什么样的工作岗位上，都要对自己的工作负责。

一家公司招聘一名部门经理，经过几番考试后，最后留下三个人。面试地点在总经理办公室。总经理并没有问他们关于业务方面的问题，只是带领他们参观他的办公室。最后，总经理指着一张茶几上的花盆对他们说，这是他最好的朋友送的，代表着他们的友谊。就在这时，秘书走进来告诉总经理，说外面有点事情请他去一下。总经理笑着对三人说：“麻烦你们帮我把这张茶几挪到那边的角落去，我出去一下马上回来。”说完，就随着秘书走了出去。

既然总经理有吩咐，这也是表现自己的一个机会。三人便连忙行动起来，茶几很沉，须三人合力才能移得动。当三人把茶几小心翼翼地抬到总经理指定的位置放下时，那个茶几不知怎么折断了一只脚，茶几一倾斜，上面放着的花盆便滑落了下来，在地上裂成了几块。

三人看着这突如其来的事情都惊呆了。就在他们目瞪口呆的时候，总经理回来了。看到发生的一切，总经理显得非常愤怒，咆哮着对他们吼道："你们知道你们干了什么事，这花盆你们赔得起吗？"

第一个应聘者似乎不为总经理的强硬态度所压倒，说："这不关我们的事，我们不是你们公司的员工，是你自己叫我们搬茶几的。"他用不屑一顾的眼神看着总经理。

第二个应聘者却讨好地说："我看这事应该找那茶几的生产商去，生产出质量这么差的茶几，这花盆坏了应该叫他赔！"

总经理把目光移到了第三个应聘者的身上。第三个应聘者并没有像前两位那样，而是对总经理说："这的确是我们搬茶几时不小心弄坏的。如果我们移动茶几时小心一点，那花盆应该是没事的。"还没等他把话说完，总经理的脸已由阴转晴，脸上露出一丝笑容，握住他的手说："一个能为自己过失负责的人，肯定是一个值得信任的人，你一定能得到大家的尊敬，我们需要你这样的员工。"

在我们的日常工作中，经常会听到这样的话语："这件事情不是我干的。""是他让我这样做的。""这是前任造成的后果。""这是很久以前遗留下来的问题。"等等。虽然这是很多人在面对工作出现问题时的第一反应，但是，当我们在工作中一次又一次地推卸自己的责任时，我们其实已经失去了自己，失去了一个又一个宝贵的发展机会和赢得尊重的机会。

因此，不要找借口，不要总是抱怨企业怎么不尽如人意，而应当想想自己有无不可推卸的责任。优秀的管理者和员工，会在自己的工作范围内，以自己的魅力和形象去感召和凝聚大家；自觉将精力放在工作上，并不断开创新局面。

5.

忠于职守，用心捍卫你的工作

忠于职守是每个人都应该具有的美德。医生要救死扶伤，教师要教书育人，军人要保卫国家，工人要优质高产，农民要种好田地，学生要学好功课。正是由于千千万万的人忠于职守，经济才能发展，祖国才能够兴盛！所以，把精力放在工作上就要忠于职守，用心捍卫你的工作。

只有忠于职守，才会承担起这份责任，因为工作就意味着责任，责任承载着能力。一个充满责任感的人，才有机会充分展现自己的能力。责任不仅可以使人发挥自己的潜能，责任还可以改变对待工作的态度，而对待工作的态度，决定你的工作成绩。

陈丽丽是燕京啤酒的一名质检组组长。一天，她在生产车间巡视时注意到有一台机器的运转速度不稳定，而操作工小郭仍然在生产操作。经验和直觉告诉她，这台机器的转轴内芯有可能出现了较严重的磨损，必须停机检修，否则，生产出的产品很有可能出现质量问题。

于是，陈丽丽马上安排这台机器的工人准备停机检修，但操作工小郭却说："陈姐，不能停啊，这批货特别急，那边已经催了好几次，上面下命令明天必须交货，否则会扣奖金的。""再说了，这台机器以前也出过这个毛病，也没出现什么问题啊。"

陈丽丽听了这话，耐心地对操作员说："小郭啊，这台机器必须检修。如果因为机器缘故造成质量问题，你知道那样的影响会有多坏吗？咱们的啤酒消费者如果喝着味道不对，肯定不会再买了，我们与经销商之间的合作也会受到很大影响。到那时，也许不会再有‘赶活’的任务，因为根本就没活干了，奖金就更不用提了。而且，我们生产的产品是要对消费者负责的，你说是不是？”

听了陈丽丽耐心的解释，操作员小郭才开始停机检修。一个可能给企业带来不利影响的隐患在陈丽丽满怀责任感的工作中解决了。

企业最需要像陈丽丽这样负责的员工。忠于职守就是要坚守岗位，用心做好本职工作。它在本质上是一种负责的职业精神，更是一种敬业精神。管理学家认为，忠于职守首先是员工的一份工作宣言。在这份工作宣言里，你首先表明的是你的工作态度：你要以高度的责任感对待你的工作，不放松你的工作，对于工作中出现的问题敢于承担。这是保证你的任务能够有效完成的基本条件。世界上很多顶级的 CEO 都把忠于职守作为企业文化中的重要组成部分，或者把忠于职守作为员工对于企业的一种精神理念，用来增强整个企业的凝聚力。

杰克曾去某家大公司应聘部门经理，公司老板告诉他说先要试用三个月。然而老板却把他派到商店做销售员。一开始，杰克不能接受，但最终他还是熬过了试用期。后来，他搞清楚了老板把他调到基层去的原因：他开始对行业不熟悉，不了解公司的内部情况，只有从最简单的做起，才能全面了解公司，熟悉各种业务。杰克应聘的是部门经理，公司老板却让他从基层做起，尽管这样，他最终还是坚持做完了。事实证明，他的选择是对的，他经受住了老板对他的考验，熟悉了公司业务，全面了解了公司，对公司的规划有了明确的了解，积累了经验，这些都为他今后的工作奠定了基础。试用期后，他正式就任部门经理，领导员工创造了优秀的业绩，为公司的发展作出了巨大贡献。六个月后，由于业绩出众，杰克获得了升迁。紧接着，杰克在处理公司事务时游刃有余，一年之后，由于总经理调走了，他也自然而然地成了总经理。

我们每一位员工都要让负责成为自己的工作习惯，认认真真做好每一份日常工作。做到忠于职守很重要，因为只有忠于职守才会产生兴趣和动力，才能发挥出自己的聪明才智，把工作做好。做好自己的工作是每个员工的基本要求。无论从事什么性质的工作，首先要把自己的工作做好，这样工作才会有更大的进步和发展。

2005年8月28日，在陕西省洛川县境内的210国道上，一辆西安旅游集团的中巴车正在平稳地行驶着，车上是来自湖南的一个旅游团队。刚刚吃过午饭的游客有些昏昏欲睡，谁也没有想到，下午2点35分，就在一个急转弯处，对面一辆装有四十吨煤的大货车突然超车，以极快的速度冲了过来。

一场突如其来的车祸，让原本充满欢声笑语的车厢顿时陷入了极度的恐慌之中。旅游大巴车被撞得严重变形，车内血肉模糊，乱作一团。危急时刻，坐在车厢第一排的导游文花枝鼓励大家坚持住，一会儿就有人来救。当时身受重伤的文花枝声音虽然微弱，却十分的沉稳、坚定，像黑暗中的一束亮光，让惊魂不定的游客从死亡的噩梦里看到生的希望。事后许多亲历者都说，正是文花枝在关键时刻挺身而出给大家支撑下去的勇气。

其实，在这起6人死亡、14人重伤、8人轻伤的重大交通事故中，文花枝也是伤得很重的一个，但重伤的她一直牢记着自己的神圣职责。当施救人员一次次向她走过来时，她总是吃力地摇摇头说：我是导游，我没事，请先救游客！

在长达两个多小时的救援时间里，她多次昏迷，但只要一醒过来，就不停地鼓劲大家的信心。文花枝是最后一个被救出来的。她左腿9处骨折，右腿大腿骨折，髋骨3处骨折，右胸多处肋骨骨折。由于延误了宝贵的救治时间，医生不得不为文花枝做了左腿截肢手术。

当时的文花枝才20多岁，正是一个女孩最宝贵灿烂的青春年华。半个多月后，得知自己失去了一条腿的残酷事实，出事之后一直没有流泪的文花枝流泪了。这个美丽的年轻姑娘，一条左腿从膝盖上被截掉。劫难之后，对于未来的憧憬和设想都被打乱。记者问她:“你后悔吗?”文花枝笑着说:“我只是做了自己应该做的。”也就是从这天起,文花枝还是像从前那样,总是用微笑面对一切。

文花枝在带团途中遭遇车祸,身处险境,当营救人员想先把坐在车门口第一排的文花枝抢救出来时,她却没有忘记一名导游的神圣职责,高呼“我是导游,后面是我的游客,请你们先救游客”,把生的希望让给别人,表现了一个普通导游高度的工作责任感。这就是一种忠于职守的精神。

忠于职守无论作为一种优秀的传统精神,还是作为现代企业的一种企业精神,它都是一种责任。在一个企业里,老板需要的是一批忠于职守的员工。因为忠于职守,他们才能尽心尽力,尽职尽责;因为忠于职守,他们才能急企业所急,忧企业所忧;因为忠于职守,他们才敢于承担一切。因此,我们每个员工要忠于职守,勇于承担责任,以企业兴衰为己任,不逃避不退缩。

6. 让负责成为自己的工作习惯

能否在工作中养成认真负责的良好习惯,不仅体现的是一个人在工作中的作风、风格、习惯和思想,从更高层面上讲,它体现的是一个人在工作中的心智、格局和胸怀;体现了一个人的人生观、价值观和世界观,体现了一个人对待人生和职业的态度。不过,让负责成为一种工作习惯,也许这句话说起来挺容易的,但真要在自己从业过程中把认真负责作为一种良好的工作习惯坚持下去,似乎并没那么容易。行为变为习惯,习惯养成性格,性格决定命运。一个人把一天的工作做好并不难,难的是把每天的工作都做好。没有一番吃苦耐劳、勤奋如一的努力付出肯定是无法达成的。

> 2012 年 5 月 18 日 18 时 30 分，高铁成在哈尔滨火车站附近的一家面馆吃饭，刚结束休假的他，马上就要坐上返京的火车归队了。
>
> 根据当地媒体的报道，爆炸发生前，高铁成和其他食客闻到了一股刺鼻的燃气味，并听到服务员喊：“快跑，要爆炸了。”与高铁成一起吃面的人都冲出了大门。面朝大门坐着的高铁成，却返身冲向后厨。
>
> 他想去关闭燃气阀门，制止爆炸发生。但爆炸还是发生了，巨大的火球喷射而出。
>
> 高铁成在第一次爆炸中被震了出来，但他却忍着疼痛，又连续两次冲进面馆，想确认里面有没有受伤的人。最终，他和厨师一起关闭了燃气阀门，并指挥没受伤的餐馆员工开窗通风、关闭电闸。
>
> 高铁成在第三次走出面馆时，已开始头晕，这说明当时他已经一氧化碳中毒，等他再醒来时，已经躺在了救护担架上。2012 年 5 月 27 日晚，高铁成被转到北京，入住解放军总医院第一附属医院救治。
>
> 高铁成在面馆发生爆炸时，他完全可以保命外逃，但他却选择了与别人相反的方向，三次勇闯火海，奔向后厨去关闭煤气罐阀门。为此，他被烈火烧伤。被称为“最美警卫战士”。

负责既不是一个承担压力的痛苦过程，也不是一项非做不可的苦差事，它是一种源自内心的高度自觉。高铁成恰恰就是这样的优秀战士。对于一个责任感强的人来说，负责已经成为他们生活态度的一部分。无论在什么时候、什么场合，他们都不会忘掉自己心中的责任。所以，让我们从每一件小事开始做起，让负责成为自己的工作和生活习惯。相信这一习惯不仅对目前的工作有益，更会让自己的人生得益匪浅，使我们的人生达到更高的境界。

叶志平是四川省安县桑枣中学的校长。作为一名普通的学校校长，他上任后遇到的第一个棘手问题就是一座建筑质量很差的教学楼。叶志平发现新楼的楼板缝中填的不是水泥，而是水泥纸袋；教学楼华而不实，有很沉重的砖栏杆；更严重的是22根承重柱子明显过细了。

叶志平看到这栋楼后，一股强烈的责任感袭上心头，他暗自下了一个决心：一定要修好这栋楼，让孩子们安全安心地上课。因此，他找来正规建筑公司重新灌注混凝土；换上轻巧结实的钢管栏杆；将整栋楼的22根承重柱子加粗并重新灌注水泥。这栋建设时才花了17万元的教学楼光重新加固就花了40多万元。加固旧楼没有钱，他就不断向教育局借；借到的钱有限，没办法一下子全部维修好，他就先一部分一部分的修。这样历时三年，才将那栋旧的教学楼维修好。

叶志平对于新建的教学楼要求更严，大理石墙面别人都是贴上去，他却怕掉下来砸到学生，让施工者在每块大理石板上打四个孔，然后用四个金属钉钉在外墙上，再粘好。八级大地震时，这些大理石墙面愣是没有掉下来一块。

出于对工作的高度责任感，叶志平校长还对紧急疏散的地震演习认真负责。这类常规性的演习由于实用率很低，所以常常会成为走过场的游戏，老师不认真、学生敷衍了事，所以一般收效甚微。但是叶志平校长则严格要求，每次演习都必须按照预先制订的方案一步不漏地进行，诸如两个班疏散时合用一个楼梯，每班必须排成单行；一个班的学生通常是9列8行座位，前4行从前门撤离，后4行从后门撤离，每列走哪条通道，甚至要求在2楼、3楼教室里的学生要跑得快些，以免堵塞逃生通道；在4楼、5楼的学生要跑得慢些，否则会在楼道中造成人流堵塞等等，这类细枝末节都在考虑和安排之内。当时这些活动遭到了不少师生的不解和反对，叶志平校长便一边解释一边照做不误，将此当做一项工作每学期做一次，坚持做了多年。

付出总有回报！2008年汶川大地震时全校2300多名师生在很短的时间里有序从教室中安全撤到操场，没有一人受伤。

经过修整加固的教学楼依然屹立。当这个事迹被新闻报道后，网友们给叶志平起了一个非常时尚的名字“史上最牛校长”。

让负责成为一种工作习惯，是对自身才能最淋漓尽致的展示！让负责成为一种工作习惯，是对职业的坚持、对企业的忠诚！在工作中，只有负责才能保证效益，只有负责才能创造结果。在工作中主动承担责任，做好自己的工作，不需要老板的提醒，也不需要制度的考核。所谓响鼓不用重锤，只要是安排给自己的活，就会尽力去做好，甚至会有超出老板期望的表现。职位越高，责任越大；工作越难，责任越重。

第四章

关注细节，把每一件小事都认真做好

一件小事中会有无数个细节问题，做好每一个细节，才能将事做成功。我们正处于一个细节制胜的时代，不管是企业，还是个人，成功很少有轰轰烈烈的时刻，大部分的成功都是建立在一点一滴、日积月累、坚定不移地做好每一个细节之上。决定成败的不再是高瞻远瞩的战略，而是无数的工作细节。

1.

一屋不扫，何以扫天下

有位智者曾说过这样一段话，他说："不会做小事的人，很难相信他会做成什么大事。做大事的成就感和自信心是由小事的成就感积累起来的。可惜的是，我们平时往往忽视了它，让那些小事擦肩而过。"所谓小事就是一些在日常工作或者生活中重复运作的事情，或微不足道的细节部分。有这样一则故事：

东汉有一个少年名叫陈蕃，独居一室而龌龊不堪。其父之友薛勤批评他，问他为何不打扫干净来迎接宾客。他回答说："大丈夫处世，当扫除天下，安事一屋？"

薛勤当即反驳道："一屋不扫，何以扫天下？"

凡事总是由小至大，正所谓集腋成裘，必须按一定的步骤程序去做。有"扫天下"的胸怀固然不错，但是"扫天下"正是从"扫一屋"开始的。世间任何大事都是由细节小事积累而成的，工作中的细节小事往往影响大事。"泰山不拒细壤，故能成其高；江海不择细流，故能就其深。"工作中，每件大事的成与败，均与细节小事有直接的关系。因此，把精力放在工作上就要从每个工作细节开始。比如，一台拖拉机，有五、六千个零部件，要几十个工厂进行生产协作；一辆小汽车，有上万个零件，需上百家企业生产协作；一架波音 747 飞机，共有 450 万个零部件，涉及的企业单位更多。而美国的阿波罗飞船，则要二万多个协作单位生产完成。在这由成百上千、乃至上万、数百万的零部件所组成的机器中，每一个部件容不得哪怕是1%的差错。否则的话，生产出来的产品不单是残次品、废品的问题，甚至会危害人的生命。所以，无论做人、做事，都要注重细节，从小事做起。

一个青年来到城市打工，不久因为工作勤奋。老板将一个公司交给他打点。他将这个小公司管理得井井有条，业绩直线上升。有一个外商听说之后，想同他洽谈一个合作项目。当谈判结束后，青年邀请这位也是黑眼睛黄皮肤的外商共进晚餐。晚餐很简单，几个盘子吃得干干净净，只剩下两个小笼包子。青年对服务员小姐说，请把这两个包子打包，他要带走。外商当即站起来表示明天就同他签合同。

因为将吃剩下的两个小笼包子带走这样的细节，感动了外商，使外商顺利地与他签订合同，由此我们可以看出细节无处不在的威力。细节的竞争即是各个环节协调的竞争。从另一个层面上说，也就是才能的竞争。工作中无小事。我们需要学会把小事做细。只有把细节剖析得透彻，把细节做得精细，才能建立起我们的优势，才能保证我们高人一筹。

有一个技术工人叫胜华，他原先在一个小工厂上班，平时工作认真负责、任劳任怨。后来他应聘到了一家大工厂，才上班没几天，他就被组长批评了几次。原来工厂要求工人们在上班前5分钟就要赶到车间，并做好上班前的一切准备工作。包括穿好工作服、合好电闸、各就各位等这类的细节问题，胜华总是在快上班时才匆匆地跑进车间。组长批评他。他还觉得很冤枉，“我上班又没有迟到，为什么要说我？”组长说：“你不在上班前做好一切准备工作。你知道为此要耽误多少时间吗？”“不就是两三分钟的事嘛，有什么大不了的。”胜华满不在乎地说。

组长严肃地说：“这可不是两三分种的事。你想想看，车间一百多人，每人都耽误两三分钟的话，那就是两三百分钟了，是一个工人大半天的工作时间了，你明白吗？还有你在工作中，工具不放在指定地点而是随手乱放，别人要用时还得到处去找，这也是要花时间的呀！你的技术水平虽然很好，但是工作中的细节你也不能忽视呀！希望你能做得越来越好。”经过组长细心地解释，胜华明白了自己的不足，他改正了自己原来不注重细节的习惯，并很快成为了工厂的技术骨干。

做任何事情都要讲规则，多数人都在按规则去做，但不同的人做同样的事情，却有成有败。失败的原因很多，归结起来都是某些环节出了问题，出问题的环节往往都是细节。一心渴望伟大、追求伟大，伟大却了无踪影；甘于平淡，认真做好每个细节，伟大却不期而至。这也就是细节与小事的魔力。正所谓：做不了小事，又如何做得了大事呢？小事都做不好，别人又岂能相信你具备做大事的能力呢？

1981年于瑞士Apples市成立的罗技电子（Logitech）是全世界知名的电脑周边设备供应商，当初罗技只是依靠生产鼠标和键盘进入电脑周边设备行业。鼠标和键盘是电脑最基本、最不可缺少的外设配件，同时也是价钱较低获利较少的配件，因此对于电脑行业的巨头们根本无法产生吸引力。

这便给了罗技一个契机。从此，罗技走上了鼠标和键盘生产的专业化道路，经过了数年的努力，罗技不仅在该行业中站稳了脚跟，而且已经成为全球最大的鼠标和键盘的生产供应商。

细节是通向成功之门的关键，把干劲投入到工作中去就要重视每个工作细节。成功之门总是虚掩着，将细节做好了，你只需轻轻一推，成功便在你眼前。

2.

工作无小事，要把精力放在细节上

工作无小事，任何惊天动地的大事，都是由一个又一个小事构成的。任何细节，都会事关大局，牵一发而动全身，每一件细小的事情都会通过放大效应而凸显其重要影响，忽视了任何一个细节，都会产生不可想象的后果。

北京某外资企业招工，报酬丰厚，要求严格。一些高学历的年轻人过五关斩六将，几乎就要如愿以偿了。最后一关是总经理面试。在到了面试时间之后，总经理突然说："我有点急事，请等我10分钟。"总经理走后，踌躇满志的年轻人们围住了老板的大办公桌，你翻看文件，我看来信，没一人闲着。10分钟后，总经理回来了，宣布说："面试已经结束，很遗憾，你们都没有被录取。"年轻人惊惑不已："面试还没开始呢！"总经理说："我不在期间，你们的表现就是面试。本公司不能录取随便翻阅领导人文件的人。"年轻人全傻了。

由于细节总容易为人所忽视，所以往往最能反映一个人的真实状态，因而也最能表现一个人的修养。正因为如此，透过小事看人，日渐成为衡量、评价一个人的最重要的方式之一。现在，有些用人单位在招聘时，还专门针对细节下些工夫，设计些细节方面的试题，通过细节来观察应聘者；有的用人单位甚至通过"吃相""笔迹"等细微小事来决定用人与否。因此，在工作时必须养成注重细节的习惯。

在日常的工作和生活中，不注重细节的人，对其他注重细节的人和事往往也不会正确对待，比如，他们会对善意的提醒恶言相加，对关系自己生命安全的问题却常抱有侥幸心理，这都是主观上未对细节重视的行为体现。只有在思想上对细节足够重视了，才能对自己的行为严格要求。把精力放在工作上，首先要改变旧观念，拥有细节意识。

一位管理专家到一家大企业参观，恰逢该企业正在搞二次创业，办公大楼的墙上还贴着二次创业的倡议书，它的开头是这样写的：在充满生机的新年里，我们公司出现了一个新气象：许多员工利用春节休息的时间总结去年经营的失误，思考企业的未来发展，员工的这种精神是非常难能可贵的，它为我们公司二次创业注入春的生机。我作为公司总裁，为公司有这样的员工感到娇傲。

原本是非常好的开头，却因骄傲的骄被错写成了“娇”，一封鼓舞士气的倡议书由此落下了败笔，鼓舞士气的目的没达到，反而成了员工私下的一个笑话。

令管理专家惊讶的是，“娇”这个错字在倡议书张贴出来当天就发现了，就是没有人去改。管理专家参观完该企业离开时，向企业办公室主任提起了此事。没想到办公室主任只是笑了笑说：“不就错一个字，没人注意到的。”

老子曾说过：天下难事，必作于易；天下大事，必做于细。因此一定要注重细节、养成细节管理的习惯。很多事情，看起来一个人能做，另外的人也能做，只是做出来的效果大相径庭，往往是一些细节上的功夫，决定着事情完成的质量。因此，改变从观念开始、改变从自身开始。

麦克是一家知名汽车生产公司的总工程师，他被派往日本与一家生产高档轿车的公司谈判合作事宜，为它们提供轿车及附件。如果谈判顺利，公司将获得巨大的经济效益。

日方派出副总裁兼技术部课长冈田先生前来迎接。冈田年轻有为、处事谨慎。在豪华气派的迎宾车旁，冈田亲自为麦克打开车门，示意请他入座。

麦克坐下后，便随手“砰”地关上了车门；声音特别响，整个车身都微微颤了一下。冈田不禁愣了一下，心想这也许是麦克的习惯。到了株式会社大厦前的停车坪里，冈田又亲自为麦克开车门，但麦克早已打开车门下车，又随手“砰”地关上了车门。这一次，比在机场上车时关得还要响，用的力也要重得多。之后，日方安排的考察、会议、谈判行程都令麦克非常满意，但麦克每次关上车门时总会发出重重的“砰”一声。

冈田有些摸不着头脑，他不禁皱了一下眉，最后忍不住一边向麦克鞠躬，一边小心地问道：“尊敬的麦克先生，是否敝社的安排有什么不妥，让您生气了？如果有，还望先生海涵。”麦克一脸真诚地回答：“哦，不，冈田先生，您安排得非常周到细致。”

第三天，麦克关车门时依然又是一个重重的“砰”。这次冈田若有所思，他找了个借口丢下麦克，去了董事长办公室。冈田对董事长说的第一句话就是：“董事长先生，我建议取消与这家公司的合作谈判！至少应该推迟。”

董事长不解地问：“你这话从何说起？约定的谈判时间就要到了，这样随意取消是不讲诚信的。”冈田却坚持要求取消：“我对这家公司缺乏信心，看来我们株式会社前不久对该公司的考察只不过是走了个过场。”董事长是非常赏识这个精干务实的年轻人的，听他这么说，便问：“何以见得？”冈田说：“在我陪麦克总工程师考察的这几天，我发现了一个很严重的问题。每次关车门时，他都用很大的力气，刚开始我还以为他是在发脾气，后来渐渐发现，这是他的习惯。麦克先生是这家知名汽车公司的高层人员，平时坐的一定是他们公司生产的好车。他习惯花很大力气关车门，是因为他们生产的轿车车门用上一段时间后就不容易关牢，易出现质量问题。好车尚且如此，一般车辆的质量就可想而知了……我们把轿车和附件交给他们生产，成本或许会降低不少，但这无异于砸我们自己的牌子！请董事长三思……”

董事长经过一番考虑之后，最终取消了与麦克所在公司的合作。

一个关车门的动作是那么的微不足道，很多人几乎注意不到这样的小细节，然而在冈田的眼里，它就反映了一个大问题，并通过进一步细致分析，揭示了这一习惯性动作背后可能隐藏的深层问题，从而帮助公司避免了可能遭受的重大损失。可见，忽视细节的代价是巨大的。一件小事的失误，一个细节的疏忽，会造成前功尽弃、满盘皆输的结果。世界上大企业的倒台，有许多不是因为大事情，而是在小事上栽了跟头。

细节存在于我们身边的每一件小事之中。养成随手关灯、关门窗的习惯是细节；所出具的数据做到没有差错是细节；同事累时搬来一张椅子，渴时递上一杯水是细节；生产中减少跑、冒、滴、漏，实现安全无事故、设备无故障、装置长周期运行是细节；对每一个工艺指标的变化，每一台设备的维护及运行情况都做到心中有数，这些都是细节。当你分一些精力关注细节，并养成关注细节的习惯后，你就会发现，无论待人接物，还是工作进展，都会顺手许多，效率也会大大提高。

3. 不专心就会忽视细节

一部电影好看，需要注意细节；一个人要想成功，需要注意细节；一个企业若想发展，也需要注意细节。然而忽视细节，是我们的一大通病。细节因其细小，人们常常自觉不自觉地忽视了它，有人因时间、精力有限而顾不上细节，更有一些人急功近利、好高骛远而对细节不屑一顾。

凯斯特是一家公司的采购部经理。一天，他看到公司定制的圆珠笔、复印纸异常精美，便不断地拿些回去，给他上学的女儿使用。这些东西被女儿的老师看见了，而该老师的丈夫，恰好正是与这家公司有业务往来的高级主管。

该高级主管了解这件事后，说道："这家公司的风气太坏了，公司的员工只想着自己而不是公司！这样的公司怎么能有诚意做好生意呢？”于是，他中止了与该公司的合作计划。

谁会想到计划的中断，竟是由一些复印纸造成的呢！工作中许多不良习惯，哪怕它如芥粒，非常之小，其所造成的危害，常比你想象的要严重得多。对于员工来讲，这些看似微不足道，不足以影响大局的小毛病，还常常决定他本人的前途命运。

理智的老板，常会从细微之处观察员工、评判员工。比如，站在老板的立场上，一个缺乏时间观念的员工，不可能约束自己勤奋工作；一个自以为是，目中无人的员工，在工作中无法与别人合作沟通；一个做事有始无终的员工，他的做事效率实在令人怀疑……一旦你因这些小小的不良习惯，给老板留下这些印象，你的发展道路就会越走越封闭。因为你对老板而言，已不再是可用之人。但许多员工却不明白这个道理，他们很少关注事情的细节。忽略事物的细节，对于员工来说，实在是太不应该了。

一个年轻人，为他的总经理精心准备了能为公司带来巨额利润的策划书，尽管商务代表提醒他说策划书没有页码，但他认为自己已经编排得很好，绝对不会出问题。结果，经理与客户的谈判失败了。后来他才知道失败的原因是他的策划书没有页码。一个客户在谈判的过程中不小心将策划书碰散了一地，因为没有页码而无法整理到一起，客户怀疑他们的工作态度，最后不欢而散。生意没有谈成，还给客户留下了不好的印象。

试想，如果这个年轻人打印上页码，或者将策划书装订在一起，最后的结果可能就是皆大欢喜了。忽视细节是当前不少企业和员工的通病。但企业和员工的发展无一不是建立在细节之上的。工作中只有细致入微地审视自己的产品或服务，注意细节才能让产品或服务日臻完美，在竞争中取胜。

一个把精力放在工作上的员工，必须在细节上下工夫，对任何事都应认真细致，要将差不多、想当然的念头从脑海中永远剔除出去。认为小事可以忽略、细节不影响大局的想法，其实是一种错误的观念。人生固然要有宏伟的远景规划，但人生的价值和意义却体现在生活的平淡细节中。这些细节才使得生活丰富多彩，魅力无限。

有位医学院的教授，在上课的第一天对他的学生说："当医生，最要紧的就是胆大心细！"说完，便将一只手指伸进桌子上一只盛满尿液的杯子里，接着再把手指放进自己的嘴中，随后教授将那只杯子递给学生，让这些学生照着他的做法来做。

看到每个学生都忍着呕吐，像教授一样把手指探入杯中，然后再塞进嘴里。教授看着学生的狼狈样子得意的要命，最后他微笑着说："哈哈，不错，不错，你们每个人都够胆大的。"紧接着教授又难过起来："只可惜你们看得不够心细，没有注意我探入尿杯的是食指，放进嘴里的却是中指啊！"

上面故事里的这位教授，其本来的意思是教育学生科研与工作都要注意细节，相信尝过尿液的学生应该终生能够记住这次"教训"。其实做企业也需要养成注意工作细节的习惯，所谓千里之堤，溃于蚁穴，细节的宝贵价值更在于，它是创造性的，独一无二的，无法重复的。对于大多数人来说，在日常生活中面对的是一些具体的、琐碎的、单调的事情，也许过于平淡，也许鸡毛蒜皮，但这就是工作、是生活、是成就大事业不可缺少的基础。

李先生工作得很出色，但他有一个不好的习惯，那就是经常迟到。一开始，老板觉得他工作出色，并没有说什么。有一次，老板约好一个客户，让李先生去签合同。由于知道李先生有迟到的毛病，老板就特地叮嘱李先生早一点到。可是到了第二天早上，李先生又迟到了半个小时。等到李先生到达客户那里的时候，客户已经离开办公室去出席一个会议了。李先生赶紧给客户打电话。客户一接电话便严肃地质问："为什么迟到，害得我等了将近半个小时？"

李先生连忙回答说："哎呀！我耽误你的事情了，但是你就不能等一等吗？"客户严肃地说："你不能以为我的时间不值钱，以为等十几分钟是不要紧的。老实告诉你，在那十几分钟时间里，我本来可以参加另外两个重要的项目谈判！”

李先生说：“那我们再约个时间谈谈吧！”

客户愤怒地说：“不用了，你们不守时，我恐怕你们到时完不成任务。”

李先生没办法，只好无奈地回公司去了。当老板了解到他竟然因为迟到而使公司失去了已经落入手中的生意时非常愤怒，一气之下就把李先生辞退了。

看不到细节，或者不把细节当回事的人，对工作缺乏认真的态度，对事情只能是敷衍了事。这种人无法把工作做好。而考虑到细节、注重细节的人，不仅认真地对待工作，将小事做细，并且注重在工作的细节中找到机会，从而使自己走上成功之路。因此，我们无论在大事情上，还是小事情上，都需要注意细节。只有这样，才能真正地稳操胜券。

4. 注重细节，才能抓好安全

有位哲人说：“魔鬼存在于细节之中。”引申到安全生产中，就是说安全生产中的隐患（魔鬼）存于细节之中。魔鬼藏在细节里，安全也藏在细节里。细节很琐碎、很不起眼，关键是脑子里面要有这个意识，要引起重视。安全生产是人命关天的大事，任何时候都疏忽不得，松懈不得。抓安全必须抓细节，安全在于细节。只有这样，安全工作才有可靠保障，才能长治久安。

1960年3月，苏联为了准备人类第一次载人太空飞行，开始招募宇航员。经过层层筛选，最后留下了几位，其中一位叫邦达连科的宇航员得到了主设计师科罗廖夫的极大赞赏，很多人都认为他当选的可能性最大。然而邦达连科在为期10天的地面训练中不幸遇难。

这天，邦达连科在一个高浓度氧气舱里，用酒精棉球擦完身上固定过传感器的部位后，随手将它扔掉。不料带有酒精的棉球正好掉在了电热器上，随即引发大火。邦达连科没有及时逃脱，被严重烧伤，后来因为抢救无效死亡。就这样，一个天才宇航员遇难了。只是他的死是由他自己造成的。因为他不注重细节，才导致悲剧的发生。

随后。苏联航天局决定重新挑选一位优秀的宇航员执行第一次航天计划。邦达连科事件让苏联航天局在挑选宇航员时变得格外挑剔和严格。他们希望挑选出最细心、最有安全防患意识的宇航员。

没过多久，在参观尚未竣工的东方号宇宙飞船陈列厂时，主设计师科罗廖夫问："你们谁愿意试坐?"加加林报了名，在进入飞船前，他脱下了鞋子，只穿袜子进入了还没有舱门的座舱。加加林的这个举动给科罗廖夫留下很深的印象，也赢得了他的好感。最后，苏联航天局决定让加加林驾驶着"东方一号"执行飞行任务，加加林也由此成为第一个进入太空的宇航员，被人们尊称为"太空第一人"。

邦达连科不幸成为了"第一个遇难的航天员"，加加林则幸运地成为了"太空第一人"，二者有着多大的差距呢？其实差距就在不经意间的一个动作，当然这还是源于他们是否有细节意识。细节展现出来的是一个人的能力，不管是做事的能力，还是说话的能力，其实最终是做人的能力。注重细节的人，总能给人一种信任感，让人觉得放心，觉得愉悦，很容易受到别人的欢迎。一个人能力的高低，直接影响到他的成长与进步。如何来表现自己的能力，对任何人来说都是极为重要的事情。因此，无论做人做事，我们都需要一种细节意识，如此，我们才能自觉、慎重地保证每件事情安全顺利。

2009年2月，巴西甲级联赛上演了一场萨尔瓦多州德比大战，维多利亚主场对阵巴西利亚。比赛中，一位激动的女球迷因穿着高跟鞋站立不稳，不慎向前摔倒并压在了其他球迷的身上，并很快引发了长江后浪推前浪的多米诺效应，数名失去重心的球迷纷纷前仆后继地趴倒在了看台上，现场一片混乱。

事后，维多利亚俱乐部官方通报了事故的一些细节：一位女球迷因站立不稳失足跌落引发混乱，看台上的观众一度十分惊恐，有一些球迷受了轻伤，很快他们被送到急救车上，医生和护士为他们进行了紧急处理。从事后官方统计来看这双高跟鞋的杀伤力丝毫不弱，受伤的球迷数量超过50人，其中不少人被确诊为严重骨折。

穿着高跟鞋看球赛，这样的细节或许谁都不会认为会影响到安全，但它确实就影响到了安全，这就是细节的强大。做事或做人，能否成功的关键就在于是否重视每一个细节！每个人所做的工作，都是由一件件细节构成的，每个细节都很小但不能因此而对工作中的细节敷衍应付或轻视责任。

一个企业就像一台高速运转的机器，任何一个零件出现问题都有可能带来毁灭性的灾难和不可挽回的损失。如果员工不能尽职尽责地做好自己的工作，任何一点小小的失职都可能造成巨大损失。在现实生活中，许多不该犯的错误、不该发生的事故，归根到底都是细节意识缺乏所致。

2004年2月15日，吉林市中百商厦发生特大火灾，造成54人死亡、70人受伤，直接经济损失400余万元。然而，这么一起严重的事故，其直接原因竟然仅仅是一个烟头：一位员工到仓库内放包装箱时，不慎将吸剩下的烟头掉落在地上，随意踩了两脚，在并未确认烟头是否被踩灭的情况下匆匆离开了仓库。当日11时左右，烟头将仓库内的物品引燃。恰恰在这种情况下，中百商厦当日保卫科工作人员违反单位规章制度，擅自离开值班室，未对消防监控室监控，没能及时发现起火并报警，延误了抢险时机。同时，他们得知火情后，违反消防安全管理的有关规定和本单位制定的应急疏散方案未能及时有效组织群众疏散，致使顾客及浴池和舞厅人员在发生火灾后未能及时逃生。造成特别严重的后果。

在这次事件中。那位丢弃烟头的员工何尝想将中百商厦这座大楼变为废墟，又何尝想使54个生灵瞬间消失，可是他应该想到却没有想到的是，他的一个小小的举动，确实把他人的生命和财产推到了危险的边缘，进而酿成了惨祸；保卫科员工何尝想到自己工作中的疏忽大意为火灾埋下了如此之深的隐患，而这样的隐患竟将54条鲜活的生命引向了不归之路，使400余万元财产付之一炬！

历史和血的教训告诫我们安全工作无小事，安全工作中“勿以善小而不为，勿以恶小而为之”。越是细节越能反映企业的管理水平。在各种安全事故中，我们都能看到魔鬼在细节中闪现的身影。因为安全稍一麻痹就会给人带来伤害，甚至是付出生命的代价，而生命多么珍贵！当我们把目光投向那一个个血淋淋的事故，看看那一个个不再完整的家的时候，我们更能体会安全是人命关天的大事。

因此，当你解决一个问题时，一定要时刻提醒自己“细心点，再细心点”。特别是在关键细节上。只有做事细心、谨慎，你才会注意到一些小小的细节，才不会出错，进而彻底解决问题，不留尾巴。

5. 严格要求自己，把小事做细

细节存在于我们生活的方方面面。细节是一种习惯、一种积累，也是一种眼光、一种智慧。我们正处于一个细节制胜的时代。不管是企业，还是个人，成功很少有轰轰烈烈的时刻，大部分的成功都是建立在一点一滴、日积月累、坚定不移地做好每一个细节之上。决定成败的不再是高瞻远瞩的战略，而是无数微若沙砾的细节。

一个故事说：一位勇者发誓要排除万难攀登一座高峰。在众人期待的目光中，他出发了。然而，他却没能实现理想，他放弃了。出人意料的是，使他放弃的原因只是鞋中的一粒沙。

在长途跋涉中，恶劣的气候没有使他退缩，陡峭的山势没能阻碍他前行，难耐的孤寂没有动摇他坚定的信念，疲惫与饥寒没有使他畏惧，不知何时他的鞋里落入一粒沙，起初他并没在意，他原本有时间和机会把那粒沙从鞋里倒出来的，可是在我们的勇士眼中，它实在是太微不足道了。的确，比起勇士所遇到的其他的困难来讲，那粒沙的存在简直可以忽略不计。

然而越走下去那粒沙越是磨脚，终于每走一步都伴随着锥心刺骨的疼痛，他终于意识到这粒沙的危害，他停下脚步，准备清除沙粒，但是却惊异的发现，脚已经被磨出了血泡，沙被清除出去了，可是伤口却因感染而化脓。最后，除了放弃他别无选择。

听完这个故事我们总会替他的遭遇惋惜，然而就在我们惋惜的同时，我们更应该做的是不要重蹈覆辙。不要轻视你身边的任何一件小事，即便是再简单不过的工作，也要把它做到完美、极致，别让一粒沙成为你成功的阻碍。

工作中，我们要提倡关注细节、把小事做细，严格要求自己，不能忽视每一个细节。在现实生活中，许多不该犯的错误、不该发生的事故，归根到底都是马虎大意所致。这种马虎大意很容易导致工作中漏洞百出，甚至造成重大失误。因此，工作马虎是你还没有认识到这份工作对你的意义，如果你很在意现在的这份工作，你应该马上重视它，改掉它。一个对待工作不小心、不留神、马虎、大大咧咧的员工，不可能把工作圆满完成的。

小李每天都热情地工作，从一点一滴的小事做起，复印、传真、打电话、接电话等琐碎的事情从来都不嫌麻烦，有不懂的地方总是及时向别人请教。有一天早上，经理叫他去银行汇一笔钱给一个客户，他接到任务后马上带着准备好的对外付汇材料到银行，认真检查了金额、日期、发票、合同，确信没有问题之后交付了。

没想到第二天中午，毕业生就被经理叫到办公室。经理的脸色很难看，第一句话就问他："你给香港付款的账号写的是多少?"毕业生马上意识到账号有可能出了问题，仔细对比后，他发现，因为账号是客户方面通过短信发给自己的，而他在把账号记下的时候，最后一个数字正好换行，他没有把短信继续翻下去，故而漏掉了最末尾的一个数字。后来通过多方面和银行沟通，才把这笔钱汇到了客户的账号上。由于资金没有及时到账，导致客户那边不能按时发货，损害了公司信誉，也造成很大的经济损失。

这件事情说明，有时候尽管你为一件事做了99%的努力，但也许仅仅因为1%的疏忽，前面的努力都会归零，甚至成为负数。这是忽视细节的一大后果。所以说，对于100件事情，如果99件事情做好了，一件事情未做好，而这一件事就有可能对某一公司、单位及个人产生100%的影响。

一次小的失误可以铸成大错，同样一个细节的不到位也会引起别人对我们能力的怀疑，降低我们在他人心目中的可信度。作为一名员工，我们应该认识到责任藏在每一个工作的细节里，在工作中要保持高度的责任心和足够的注意力，对工作中出现的每一个细微变化、每一件细小的事情都要非常重视。只有这样我们才能在工作中占据主动，才不至于不知不觉间就在阴沟里翻了船，我们也才能获得老板的赏识，实现职场的成功。

在北京的21路公共汽车上，有一位售票员叫李素丽，她十年如一日，用心为乘客服务，被誉为"盲人的眼睛、病人的护士、乘客的贴心人、老百姓的亲闺女”。虽然售票员这个工作非常不起眼,但是在这个毫不起眼的工作岗位上,李素丽通过自己细致入微的工作态度,赢得人们的一致好评。事实上,这不仅是一种工作态度的体现,更是一种工作能力的体现。

以情暖人、以“场”促人、以理服人是李素丽工作的特点。她注重与乘客的情感交流,用真挚的感情来换取乘客的理解与配合。每次发车出站。她都会满脸挂着笑容,用甜美、悦耳的声音与乘客们“打招呼”。大年初一的早班车上,她不能回家与家人团聚,但是没有丝毫怨言,她送给车上乘客真挚的祝福:“乘客同志们,今天是大年初一,首先,我代表车组全体成员给大家拜年,祝大家春节好!祝您在新的一年里工作进步,万事如意……”虽然车厢内寒气逼人,但是她的一番话使人倍感温暖。

李素丽非常注重在车上营造一个文明礼貌、互相尊敬友善的“公众场”,以唤起众乘客对爱心和善心的共鸣、对文明礼貌的呼应。当年轻人为刚上车的母女二人让座而落座的小女孩忘记答谢他时,李素丽会柔声地提醒:“小朋友,叔叔给你让座了,你该说什么呀?”小孩子马上说:“谢谢叔叔!”这番话里包含了李素丽的一番良苦用心。

在工作中,如果遇到问题,比如乘客往地上吐痰,不服车上工作人员的批评,李素丽会走到不文明乘客跟前,晓之以理:“您看,我们这车天天打扫,您把痰吐在地上多不卫生!随地吐痰对您和其他乘客的健康也不利啊。”她委婉地批评不文明乘客不尊重公交职工的劳动,然后又站在乘客本人的立场上,为乘客的健康着想,合情合理,情理交融。特别是说完这些后她会蹲下去将痰擦掉,这一举动给人一种无声的教育,既震撼了不文明乘客的灵魂,也教育了车上的其他乘客。

不可否认,李素丽注重细节的工作态度是她工作能力的体现。就是这些普普通通的细节表现,让李素丽在成千上万的售票员中脱颖而出,在平凡的工作岗位上,成就了不平凡的人生。成功其实并不难,难的是能不能把细节做好。只要我们踏踏实实地做好每一件事情,成功就在不远的前方。如果你想成功,那就认真地对待生活和工作,把每个细节问题处理好吧。

6. 重视细节,把每一件小事努力做好

这是一个细节制胜的时代。现代的竞争已经转变成了细节的竞争,而细节的竞争则成了真正意义上的最终和最高层面的竞争。企业竞争力的强弱取决于细节。实际上,企业能吸引人们"眼球"、集中消费者"注意力"的,往往就是其与众不同的细节,而不是其"通用部分"。只有各个部门、各道工序有效协作,才能达到细节管理中"把大事做小,把小事做细"的最高境界,增强企业竞争力。因此,只有把细节做到尽善尽美,才会发现更多的机会。

一天下班之后,上司保罗正在超市闲逛着。这时,恰巧碰到新来的员工费迪南德·皮希拿着一张报纸全神贯注地在超市里找着什么。忽然,费迪南德·皮希看到了一套棒球用具,脸上立刻绽放出了笑容,连忙把这些棒球用具装到了购物车中。

保罗快步走上前去,轻轻拍了费迪南德·皮希一下:"小伙子,什么时候喜欢上棒球了?"皮希先是一愣,随即不好意思地笑着说道:"明天我要去拜访一个客户,我记得他无意中说过自己的孩子是一个棒球迷,所以刚才我就在办公室里琢磨都要买什么棒球装备。"保罗微微一愣,好奇地问皮希为什么在这种鸡毛蒜皮的小事上如此认真。

皮希认真地回答道:"工作无小事,我的目标是让咱们公司的产品闻名全球,如果连一个客户的喜好都捉摸不透,那怎么扩大市场呢？”这件事之后，保罗对皮希格外留意，通过观察，保罗发现皮希虽然因进入公司时间比较短而客户比较少，但是他的客户对他都给出了非常好的评价。于是，保罗很快就给他安排了更加重要的工作，多年之后，皮希终于坐上了德国大众公司总裁的宝座。

只有将小事当做大事来处理，才会做到最好，将来也才能担当起更重要的工作。虽然只是拜访一位普通的客户，但是皮希并没有丝毫怠慢，因为他知道，自己的目标是赢得全世界的市场，所以必须研究好客户的心理，并树立好自己的企业形象，所以他在细节上做好文章，自然得到了众多客户的好评。

做好细节对企业如此，对个人也是如此。做好细节才能出精品，许多成功的企业都非常注重把细节做到极致，做到完美。细节犹如庞大机器上的一个小零件，其体积也许微乎其微，其作用却是举足轻重，不容忽视的。一些人注意到了这些细节，并且用行动去证明了他们对这些细节的重视，所以他们成功了。因此，细节是一种创造，是一种功力。追求细节的完美，体现的是一种专业化的品质，只有具备了专业化训练并且注重细节的人，才能最终铸就工作中的完美结果。结果好不好，要看能不能把细节做好。如果你想成功，那就认真地对待生活和工作，把每一个细节都做到完美无缺。

台湾亿万富翁王永庆，于1932年即他16岁时，从老家来到嘉义，用身上仅有的200元资金，在一条偏僻的巷子里承租一个很小的铺面，开了一家米店。当时，小小的嘉义已有米店近30家，竞争非常激烈。王永庆的米店开办最晚，规模最小，更谈不上知名度了，加上位置很偏，没有任何优势。在新开张的那段日子里，生意冷冷清清，门可罗雀。当时，一些老字号的米店分别占据了周围大的市场，他们在经营批发的同时，也兼做零售。王永庆的米店因规模小、资金少，自然没法做大宗买卖，而在零售上也占不到任何优势，因为没有人愿意到他这一地处偏僻的米店来买货。王永庆曾背着米挨家挨户去推销，但效果不太好。

不甘失败的王永庆感觉到，要想让自己的米店在嘉义立住脚，自己就必须有一些别人没做到或做不到的优势才行。反复思考之后，王永庆很快从提高米的质量和服务上找到了突破口。

20世纪30年代的台湾，粮食的种植完全靠手工劳作。稻谷收割后都是铺放在马路上晒干，然后脱粒的，不可避免地会掺杂许多砂子、小石子之类的杂物。各家在做米饭之前，都要先淘米，非常麻烦。因为大家长期都这样做，或许是辈辈这样做，买卖双方对此都习以为常，见怪不怪。但这却给了王永庆继续经营米店的切入点。

他领着两个弟弟一齐动手，不辞辛苦，不怕麻烦，一点一点地将夹杂在米里的秕糠、砂石之类的杂物拣出来，然后再出售。这样，王永庆米店卖的米都很干净，做饭时也非常方便，一下子就吸引了很多顾客，深受顾客好评，米店的生意也日渐红火起来。附加一个小小的劳动，就打开了人们的钱袋，王永庆体察入微的精明由此可见一斑。

通过提高米的质量打开市场的同时，王永庆还提高了服务质量。当时，客人都是自己上米店买米，自己运送回家。这对于年轻人来说不算什么，但对于上了年纪的老年人，就很不方便了。而当时的年轻人整天忙于生计，且工作时间很长，不方便前来买米，买米的任务只能由老年人来承担。王永庆注意到这一点后，就改变传统的经营习惯，采取主动送货上门的经营策略。大大方便了顾客，深受人们的欢迎。对当时的商家来说，还没有送货上门一说，王永庆增加的这一个服务项目等于是一项创举。即使是在今天，所谓送货上门，也不过是将货物送到客户家里并根据需要放到相应的位置，就算完事。但王永庆开创的送货上门并不仅如此。每次给新顾客送米，王永庆就细心记下这户人家米缸的容量，并且问明这家有多少人吃饭，有多少大人、多少小孩，每人饭量如何，据此估计该户人家下次买米的大概时间，记在本子上。到时候，不等顾客上门，他就主动将相应数量的米送到客户家里。如此细致的工作，有几人能想得到？仅此一举，王永庆就将粮店的生意由被动转为了主动，争取了大量的回头客。

王永庆的送货上门，不仅将米送到家，还要帮人家将米倒进米缸里。如果米缸里还有米，他就将旧米倒出来，将米缸擦干净，然后将新米倒进去，将旧米放在上层，这样，陈米就不至于因存放过久而变质。王永庆米店细致入微的服务深深感动了不少顾客，赢得了他们的交口称赞。在送米的过程中，王永庆还了解到，当地居民中大多数家庭都以打工为生，生活并不富裕，许多家庭还未到发薪日，就已经囊中羞涩。由于王永庆是主动送货上门的，要货到收款，有时碰上顾客手头紧，一时拿不出钱的，会弄得大家很尴尬。为解决这一问题，王永庆采取按时送米，不即时收钱，而是约定到发薪之日再上门收钱的办法，极大地方便了顾客。精细、务实的服务使嘉义人都知道在米市马路尽头的巷子里，有一个卖好米并送货上门的王永庆。有了知名度后，王永庆的生意更加红火。

经过一年多的资金积累和客户积累，王永庆便自己办起了碾米厂。他在离最繁华热闹的街道不远的临街处租了一处比原来大好几倍的房子，临街的一面用作铺面，里间用作碾米厂。就这样，王永庆从小小的米店生意开始了他后来问鼎台湾首富的事业。在事业发展壮大后，王永庆依然保持着注重每一个细节的管理经营理念和习惯。他的部属深深为王永庆精通每一个细节所折服。当然也有不少人批评他“只见树木，不见森林”，劝他学一学美国的管理，抛开细节只管大政策。针对这一批评，王永庆回答说：“我不仅掌握大的政策和决策，而且更注意点点滴滴的管理，如果我们对这些细枝末节进行研究，就会细分各个操作动作，研究各个动作和环节是否合理，是否能够将两个人操作的工作量减为一个人，如果可行，那么生产力会因此提高一倍，甚至一个人兼顾两部机器，这样生产力就提高了四倍。”

成功是什么，无非是把一些关键细节做到极致。命运赐予我们不同的角色，如果我们只是不重要的小角色，与其怨天尤人，不如把精力放在工作上，把每一个细节都做到完美无缺。这样，无论在什么样的岗位上，你都能取得成功。

细节,我们可以理解为细小而又具体的事物、情节或环节。对个人来说,细节体现着素质;对企业来说,细节代表着形象。小到个人的工作与生活,大到国家的规划与治理,细节无处不在,无时不在,没有细节,这个世界就不会存在。21 世纪的竞争是细节的竞争。只有把每一个细节做好,做得与众不同,企业才能在激烈的市场竞争中拥有竞争力,才能生存和发展。因此,要重视细节、把每一个细节都做到完美无缺。

第五章

自动自发，做工作的主人

如果你想取得和老板一样的成就，办法只有一个，那就是积极主动地工作。一名杰出的员工应主动工作，不仅要求自己满意、别人满意，而且要超过别人对自己的期望，并随着企业和自身的发展把内心的标准提得越来越高，不断学习新知识，积累新经验，从而使自己获得成长。一个总能把工作做得比老板预想的还好的员工，将会征服任何一个老板。

1. 工作没有分内分外之分

日常工作中，我们常常会遇到这样的情形：领导或者同事有时会让你做一些额外的工作。这个时候你应该怎么办？不少人会以“这不是我分内的工作”为借口进行推托，最后即使是去做了，也是迫于领导的压力，或碍于同事的面子，但自己却心不甘、情不愿、气不顺。“这不是我分内的工作”，这话说起来很容易，但它却反映出一个人的工作精神和态度。

一个把精力放在工作上的员工是不会说这句话的，在他们眼中，工作不分分内分外。他们懂得一个道理：分内的工作是自己应该完成也是必须完成的，而分外的工作是自己在时间允许且完成了本职工作的前提下，能尽量去多完成的事。

徐晓琳是北京一家广告公司的行政部主管，但他在成为主管之前只是行政部的一名普通职员。

三年前，徐晓琳一进入公司就非常努力。很多不是他分内的工作，他也主动做得尽善尽美。徐晓琳总是每天第一个到办公室，最后一个离开。虽然没有人承诺给他加班费，他还是经常加班，为的是不让工作拖到第二天。

因为徐晓琳做得多，对公司了解得多，掌握的技能也就越多。他的表现，主管看在眼里，老板也看在眼里。慢慢地老板对他产生了信任，之后便交更多的任务让他去完成，并有意地让他参与公司一些重要会议。有同事对徐晓琳说：“老板给你额外多的工作，你应该要求加薪。”但他没有要求加薪。他知道努力做好工作能让自己更快的成长。

老板给徐晓琳增加任务实际上是在考察和培养他。原来，公司的行政主管由于是公司的元老，总是一副老气横秋的样子，自负傲慢又不肯承担责任，出了问题总为自己找一大堆借口。这使得老板非常恼火。

经过一段时间考察和培养后，老板解聘了原来的行政主管，由徐晓琳这个普通的职员取而代之。

人事命令一公布，整个公司议论纷纷，老板说出自己的看法："徐晓琳身上有一种最宝贵的东西，是我们公司所需要、却是很多员工所缺少的，就是勤奋和敬业。他的管理能力和经验还欠缺，学历也不高，但只要有勤奋和敬业就什么都学得到，我相信他一定能够胜任这个工作。"

看到与自己平起平坐的小职员做行政主管，原来那些说风凉话的人后悔不已："徐晓琳不就是多做了一点事，我也做得到啊！"但是这些人虽然心里后悔，可行动上却没有什么改变，他们依然消极被动、逃避推诿，这些人永远不可能成为企业的重要人物。

徐晓琳之所以能如此快速升迁，秘密就在于他工作起来没有分内分外一说。勇于承担分外的工作，才是正确的工作态度！许多著名的大公司认为，一个优秀的工作者所表现出来的主动性，不仅仅是能坚持自己的想法或项目，并主动完成它，还应该主动承担自己工作以外的工作任务。

比尔在一家商店工作时，一直自我感觉很好。因为他总能很快做完老板布置的任务。一天，老板让比尔把顾客的购物款记录下来，比尔很快就做完了，然后便与别的同事闲聊。这时老板走了过来，扫视了一下周围，然后看了一眼比尔。接下来老板一语不发地开始整理那批已经订出的货物，然后又把柜台和购物车清理干净。

这件事深深震动了比尔，他瞬间发现自己一直以来是多么的愚蠢，他明白了一个人不仅要做好本职工作，还应该主动地再多做一些,哪怕老板没要求你这么做。这一观念的改变,使比尔更加努力地工作,他由此学到了更多的东西,工作能力突飞猛进,最终比尔成了公司的副总。

要想成为一名把精力放在工作上的员工,就必须具有积极主动的品质,这种积极主动不能仅仅局限于一时一事,你必须把它变成一种思维方式和行为习惯。只有时时处处表现出你的主动性,才能获得机会的眷顾,并最终成就卓越。主动去做分外的事,而且表现得出色的话,将来肯定就能得到应有的回馈,如新的职位或新的工作机会。

事实上,各行各业都需要全心全意、主动尽责的员工,因为尽职尽责正是培养敬业精神的土壤。如果在你的工作中没有了责任和理想,你的生活就会变得毫无意义。你一旦领悟了全力以赴地工作能消除工作的辛苦这一秘诀,就掌握了获得成功的原理。所以,不管你从事什么样的工作,平凡的也好,令人羡慕的也好,都应该抱着工作没有分内分外的态度,全身心地投入到工作中。

弗朗士是一家超级市场新近才招聘来的最基层员工,他只是一个不起眼的包装工,看不出他的工作有什么远景。如果要遣散什么人的话,他大概就是第一个被考虑的对象了。但是,让人意想不到的是,弗朗士很快成了老板眼中有价值的员工。首先,他告诉载货部门的头儿:“我没事的时候可以来这里帮忙,多了解一下你们部门工作的情形。”然后,他就花些时间在那里帮忙做些分外工作。之后,他跟畜产部门经理说:“我希望有空时来这里向你学习,了解你们包肉和保存的过程。”一阵子之后,他又分别到烘焙、安全、管理、清洁甚至信用部门帮忙。3个月后,弗朗士几乎在公司所有部门都游走过了,一旦某部门有人要请假,自然而然地想到请弗朗士去顶替。一年后,恰逢经济不景气,老板只好请一些人走路。有些人认为弗朗士这类人肯定要被裁掉,可是弗朗士却被老板留了下来。不久,超市生意好转,有个经理的职位空缺,老板又毫不犹豫地想到了弗朗士。

当你在公司接受一项自己并不喜欢的工作或代替某人的职务时，不要有丝毫的抱怨，主动而热情地去做，多做一些，多学一些，就可以对公司整体运作的情况多一份了解。这样一来，你可能也会像弗朗士一样变成公司最有价值的员工了。假如有别的同事，把一些本来不应归你负责的工作交给你，或者你的老板在你已经忙得不可开交之时又吩咐你做一件额外的工作，你是选择接受，还是选择逃避？这个时候，你不妨尽自己所能把它做好，你要这样想：第一，反正你在办公时间总是要做事的，不论是谁的工作都是公司的事，只要不影响自己的工作，就不应该区分彼此而一律照做。第二，不妨把这次工作当作一次锻炼和学习的机会，多学一种工作技能，多熟悉一种业务，对自己总是有好处的。第三，这也是展现自己才能和促进同事之间关系的大好机会，如果你能够尽心完成，一定会得到同事或老板的好感。

职场总会有许多事情可做的，要不然也就不是职场了。而有些工作也许真的不是你的分内工作，可是这些难题的存在却阻碍着企业的前进，这种情况下，你无疑需要主动帮助解决这些难题，而不能坐视不理。而且，做一些分外的工作，使你所做的事比你所获得的报酬更多，那么你不仅表现了乐于接受工作的良好品质，也因此发展了一种不寻常的技能，它会使你能尽快地从工作中成长起来，获得担当重任的机会。

2. 做工作的主人，将身心彻底融入工作

企业与员工的命运休戚相关，主人翁心态在工作中是非常重要的。如果每一个人都有主人翁心态，把公司的事当做自己的事来做，公司会拥有强大的无形财产。在企业中，无论是一线生产职工，还是哪个层次的管理人员，主人翁精神是不可缺少的。只有树立主人翁精神，以主人翁姿态

去工作,企业才会得到较好的发展,员工才会得到理想的进步。当企业每一名员工都能用主人翁精神工作时,我们的企业才会成为和谐企业、效率企业。

因此,把精力放在工作上就是树立这样一种意识:从进入企业的那一刻起,你就是企业的人了。这里不是逃避就业压力的避风港,也不是你暂时休息的地方,这里是你的家,每一位员工都应该把自己的命运和企业的命运牢牢绑在一起,投入自己的忠诚和责任心,将身心彻底融入企业,不找任何借口,尽职尽责,以主人翁的心态贡献自己的力量。

日本某化学公司的参观团来到法国某著名化学公司参观。法国人知道,日本人此行表面上是参观,其实是想学会那里的核心技术。于是,他们就定下一个原则——不让日本参观人员碰车间里的任何东西。日本人同意了这个要求。参观那天,一切正常,突然,一个冒冒失失的日本人一低头,他的领带掉进了化学试剂中。他不好意思地表示歉意。这家公司的一名员工看出了日本人是想用此种策略将化学剂带走。可是,在如此紧急的情况下,如何做才能既不伤及对方自尊,又不让他们的计策得逞呢?该员工灵机一动,去找了一个崭新的领带,对那个日本人说:"先生,你的领带脏了,现在我代表我们公司送您一条新的,把您那条摘下来,我洗净后再还给您。"那个日本人不得不换下自己的领带。

这名法国员工无疑是一名很有主人翁精神的优秀员工。作为企业大家庭中的一员,当你以企业主人翁的身份工作,将全部身心彻底融入企业的事务中,激发自己的能量,处处为企业着想,作出自己的成绩。领导们最怕员工像一块木头,踢一脚,才动一下,从不在问题恶化前主动去解决,这种被动的人,怎能受到领导的赏识呢?那个法国的员工若是在发现问题后,等待领导的指示,必将贻误时机。但他没有等待,而是主动出击,将问题消灭于萌芽状态。

当一个企业每位员工的主人翁意识不断增强,主人翁责任自觉提高的时候,也就是这个企业凝聚力最为强大的时候,也是这个企业在市场上竞争力一流的时候。在这样的情况下，自然而然企业就会发展壮大。对每个员工来说，就有了更多的收入和工作机会，我们的生活也会不断地改善。相反，当企业亏损和失败的时候，这个企业的员工都会遭受挫折和打击。

肖伟业同志是嘉兴海事局执法支队一名普通执法人员，作为嘉兴海事的一名老职工、老党员，他始终坚守在海事工作的第一线，先后从事搜救行动、事故调处、海上巡航、船舶签证、船舶安全检查、航道清障、船舶护领航等工作，出色履行了各个岗位的工作职责。在十几年的工作实践中，他始终坚持“没有岗位大小，只有分工不同”。即使再简单的工作也要投入十分的认真和责任。在日常工作中他坚持“专注每一件小事，投入每一个细节”，勤恳务实，全心全意，不计较个人得失，抱着一颗平常心，甘做“螺丝钉”，在平凡的岗位上实现了自身的价值。

2011年，局领导安排他参与局办公室进行海巡艇的年度修理工作，他二话没说，接到任务后，一方面马上仔细分析修理单中能够自修自购项目，建议领导进行自修自购以节约费用，另一方面根据修船规范和巡逻艇实际状况仔细核对修理项目与船厂报价，与船厂谈判，以减少修理费用及缩短修理周期，光这两项共为单位节省修理费用近五万元。为保质保量按时完成修理任务，在此次修理过程中，他主动放弃了清明节假期和亲人团聚的时间，坚持吃住在宁波船厂随船驻厂监修，虽是平凡的举动，但却真切地体现了一名老共产党员的默默奉献精神。

对工作兢兢业业，扎实细致，从不讲“分内分外”之事，正是如此强烈的工作责任感，让他出色地完成了不同岗位的各项工作。如在一次搜救行动中，当时是凌晨4时左右，海况非常恶劣，巡逻艇横摇在20度左右，有的船员已开始呕吐，这时，巡逻艇舵机操舵装置突然失电，船舶失控，在这紧急关头，作为现场应急处置指挥的他，一方面马上派人下舵机舱采取手动应急操舵稳住航向；另一方面，克服晕船的不适，会同船员仔细分析失电原因，查出故障原因，及时地排除了故障，为最终成功救助遇险船舶和人员提供了保障。

这就是肖伟业，带着对家人的歉疚，带着对海事事业的追求，日复一日，年复一年，在平凡的岗位上一如既往地守望着。他只是新时期千万个海事职工中的普通一员，没有波澜壮阔的事迹，没有惊天动地的壮举，有的只是一种百折不挠的坚定和永远真诚的笑容，有的只是一名普通共产党员甘于奉献的无私情怀。

人是企业管理的主体，是生产力起主导作用的要素，无论什么样的先进技术、先进管理方法，都要依靠人来操作、去实现。离开了人，企业管理和先进技术的实践就无从谈起。只有发挥人的主观能动性，发掘人的潜能，才能激发和调动员工积极向上的进取意识。有主人翁精神的人，职业生涯的成功就有了基本的保证；没有主人翁精神的人，职业生涯的发展就缺少了根基。当你做到这一点时，你就会发现，自己在事业发展的道路上已经向前迈进了一大步。

时代呼唤主人翁精神，企业需要主人翁精神，有理想、有志向的员工也需要主人翁精神。无论从何种角度看，以主人翁的心态贡献自己的力量所成就的都是最完美的结局。因此，把精力放在工作上就要怀有主人翁意识，改变传统的思维观念，改变为别人工作的心理，改变只对赚钱的工作感兴趣、工作做完就行等打工者心态，只有把这些思想上升到新的认识高度才能适应当今社会的发展，才能真正把工作放在心上，并在工作中做出成绩。

3

自动自发，为工作倾注心血

工作中要有一种率先主动的竞争意识，主动为自己设定工作目标，开拓性地思考和改进达到成功的工作方式方法。许多公司都希望自己的员工凡事都能够自动自发。因为自动自发的员工在工作中会更加勤奋和敬业。他们有独立思考能力，他们不会像机器一样，别人吩咐做什么他就做什么。他们往往会发挥创意，出色地完成任务，而且还会换位思考为老板考虑，给企业提尽可能多的建议，他们因此总会得到赏识和提升。

著名的人力资源专家翁静玉用自己的经历这样告诫职场中人：二十几年前，我刚从日本念研究生回来．通过青辅会的介绍，进入某银行工作，担任办事员，其间的同事中，有我的大学同学。他是念美国研究生的，职级却比我高一级，编制上就是我的主管。同样都是研究生毕业．而且他念的是美国三流大学，我念的是日本一流大学，一样是硕士学位，待遇却不相同。

尽管如此，我并没有因为待遇不如人就心生不满，仍是认真做事。在机关，许多人都是抱着多做多错、少做少错、不做不错的公务员心态。我虽然是职级最低的办事员，可是交到我手中的事情，我一定尽心尽力做到最好。此外，我也会积极主动找事做，了解主管有什么需要协助的地方，事先帮主管做好准备。

这样的工作态度使我被当时的上司注意到了。后来，上司调去另一家银行时，带去的随从人员中我是唯一的办事员。这是很罕见的现象，因为通常都是一些主管跟随过去。

一名把精力放在工作上的员工应该主动工作，不仅要求自己满意、别人满意，而且要超过别人对自己的期望，并随着企业和自身的发展把内心的目标提得越来越高，不断学习新知识，积累新经验，从而使自己获得成长。因为一个总能在昨天完成工作的员工，一个总能把工作做得比老板预想的还好的员工，将会征服任何一个老板。

主动就是不用别人告诉你，你都可以出色地完成工作。这也是优秀员工之所以优秀、之所以绩效高的最根本原因。有主动精神的员工，会勇于负责，有独立思考能力。这些员工有别于那些像机器一样的员工，他们不仅及时完成工作任务，往往还会发挥创意，出色地完成任务。而不能积极主动工作的员工，则墨守成规、害怕犯错。他们告诉他们的老板没有让我这样做我又何必插手呢？又没有额外的奖励！这两种不同的想法会明显地导致不同的工作表现。

有成功潜质的人，总是主动比别人多付出一点点，自动自发地为自己争取最大的进步。只有积极主动地做事情，才会让雇主惊喜地发现你实际做的比你原来承诺的更多，而你更有机会获得加薪和升职。在工作中，成功的机会不会白白降临到你的身上，只有那些主动做事的人，才能得到比别人更多的工作机会。但遗憾的是，意识到这一点的人并不多。只有当你主动、真诚地提供真正有用的服务时，企业才会给予你相应的回报。所以，作为一名优秀的员工就要记住：与其被动地服从，不如主动地去完成工作。

某公司的一位员工虽然已经工作了近十年，但他总是抱着“我只是被雇来的，做多做少一个样”的心态来工作，工作上也从来没有什么出色的业绩，因此，10年来他的薪水从不见涨。

有一天，他终于忍不住向老板大诉苦水。老板对他说：“你虽然在公司待了近10年，但你的工作经验却和只工作了1年的员工差不多，能力也只是新手的水平。”

这名员工在他最宝贵的10年青春中，除了仅仅得到10年的薪水外，其他却一无所获，这是一件多么遗憾的事情！由此看出，有一个良好的心态对于我们的工作甚至职业前景是多么的重要。

其实，在工作中，如果时刻保持一种积极向上的心态，保持一种主动学习的精神，我们每个人都可以做得更好。如果我们不懂得珍惜自己的工作，懒惰怠慢、不求进取，那么，我们注定在工作上会和那位“十年新手员工”有着相同的命运。如果你想取得和老板一样的成就。办法只有一个，那就是积极主动地工作。很多人都认为，公司是老板的，自己只是替老板工作，工作得再多、再出色，得好处的还是老板。存在这种想法的人很容易成为“按钮”式的员工，天天按部就班地工作，缺乏活力，有的甚至趁老板不在，没完没了地打私人电话或无所事事地遐想。这种做法无异于浪费自己的生命和自毁前程。

小谢大学毕业后在一家贸易公司当了一名临时职员。从上班那天起，她就时刻提醒自己，一定要做一名合格的正式员工。为了达到这个目标，她认真全面地了解公司的目标、经营方针、组织结构、销售方式等，以便在以后的工作中能更准确、更有效地采取行动。她积极主动地向同事们请教问题，除了努力提高自己的技术能力外，在同事遇到问题或忙不过来时，在完成自己的本职工作后她就主动前去帮忙。在领导下达给那些正式职员一些任务时，她自己也主动完成一份，完全按照正式职员的标准要求自己。在结束一天的工作之后，她还常常不怕辛劳，准备好第二天要用的资料。对此，有的人总笑她太傻：那么辛苦干嘛，领导又看不见，太不值得了。面对这些，小谢总是一笑了之，从不辩解，只是继续做着自己认为应该做的事情。

半年后的一天，领导向办公室主任要香港会议上所用的资料。办公室主任有些慌了，他前两天给职员小张交代了一下，因为领导后天去香港，也就没催促他快点完成，现在好像还没做好呢。“临时有了变动，今天下午就要去的。还没准备好吗？我不是前两天就给你说了吗？你自己想办法解决！”领导忍不住发了火。

办公室主任正在一筹莫展的时候，小谢拿出自己准备的那份资料交给了他：“我准备的，您看一下吧。”主任一看，比以前小张准备的还要整齐、全面，于是赶忙给领导送了去。“这是谁准备的？”领导看了看问。“一个临时职员，我看还非常全面。”主任连忙回答。“嗯，不错，能够提前做好准备，是个做事情的料。”看来领导很满意。

几天后，领导从香港回来，第一件事就是把小谢转为正式职员。现在，她已经是领导的办公室助理，协助领导打理生意上的很多事务。

在还没有得到这个职位以前就已经身在其位了，凡事比别人快一步，主动去做上司没有交代的事，并把这些事做好，这就是小谢获得提升的原因。

卡耐基曾经说过:“有两种人永远将一事无成,一种是除非别人要他去做,否则,绝不主动去做事的人;另一种则是即使别人要他去做,也做不好事的人。那些不需要别人催促就会主动去做应该做的事、而且不会半途而废的人必将成功。”

工作中唯有那些积极主动,跑在别人前面的人才善于创造和把握机会,并能从平淡无奇的工作中找到机会。这个世界上一切美好的东西都需要我们主动去争取。机会经常是属于那些跑在前面的人,因为只有这样的人才能有机会握到成功之手。只有凡事比别人提前一点,你才会离成功更近一点。

4. 勤奋自觉,每天多做一点点

无数事实证明:成功的最短途径是勤奋。比他人多做一点点不仅是员工良好职业道德的一种体现,更是员工做事获得成功的秘诀。每天多一点努力的结果会使你最大限度地发挥出你的天赋。多一点努力,便多一些成功的机会。每天多一点努力不是语言上的自我表白,而是行动上的真正体现。如果你能够真正做到这些,你就会在工作中脱颖而出。

安小姐是一家公司的秘书。安小姐的工作就是整理、撰写、打印一些材料。工作单调而乏味,很多人都这么认为。

但安小姐不觉得,安说:“检验工作的唯一标准就是你做得好不好,不是别的。”

安小姐整天做着这些工作,做久了,发现公司的文件中存在着很多问题,甚至公司的一些经营运作方面也存在着问题。

于是,安小姐除了每天必做的工作之外,还细心地搜集一些资料,甚至是过期的资料,她把这些资料整理分类,然后进行分析,写出建议。为此,她还查询了很多有关经营方面的书籍。最后,她把打印好的分析结果和有关证明资料一并交给了老板。

老板起初并没有在意,一次偶然的机会,老板读到了安小姐的这份建议。这让老板非常吃惊,这个年轻的秘书,居然有这样缜密的心思,而且她的分析井井有条,细致入微。后来,安小姐的建议中很多条都被采纳了。

老板很欣慰,他觉得有这样的员工是他的骄傲。当然,安小姐也被老板委以重任。

著名投资专家约翰·坦普尔顿通过大量观察研究,总结出这样一条定律:"多一盎司定律"。他指出,中等成就的人与突出成就的人所做的工作量并没有很大差别,他们所做出的努力差别很小,如果一定要量化,那么可能只是"一盎司"的区别。确实,比他人勤奋一点点,多做一点点,不仅是企业对员工的道德要求,更是员工取得成功的前提。

"多加一盎司"就是比别人多做一点点,这其实并不难,我们已经付出了99%的努力,已经完成了绝大部分的工作,再多增加"一盎司"又有什么困难呢?但是,我们往往缺少的却是"多一盎司"所需要的那一点点责任、一点点决心、一点点敬业的态度和自动自发的精神。每天多做一点点,其实是一个简单的秘密。在工作中,有很多东西都是我们需要增加的那"一点点"。大到对工作、公司的态度,小到你正在完成的工作,甚至是接听一个电话、整理一份报表,只要能"多做一点点",把它们做得更完美,你就会获得数倍于"一点点"的回报。

实际上,"多一盎司定律"可以运用到社会生活的各个领域中,它是你走向成功的有效途径。例如,把它运用到高中足球队,你会发现,那些多做了一点努力,多练习了一点的小伙子成为了球星,他们对赢得比赛起到了关键性的作用。他们得到了球迷的支持和教练的青睐。"多加一盎司"——谁能使自己多加一盎司,谁就能得到千倍的回报。每天多做一点对你并没有害处,也许它会占用你的时间,但是,你的行为会使你赢得良好的声誉,并增加他人对你的需要。你的老板、委托人和顾客会关注你、信赖你,从而给你更多的机会。今天种下助人的种子。总有一天会结出甜美的果实,最终受益的还是你自己。

当卡洛·道尼斯先生刚开始为杜兰特工作时,职务很低,而现在,他已经成为了杜兰特先生的左膀右臂,并担任了其下属一家公司的总裁。之所以能如此快速升迁,秘密就在于"每天多做一点点"。

翰林曾拜访道尼斯先生,并且询问其成功的诀窍。他平静而简短地道出了个中缘由:

50 年前,我开始踏入社会谋生,在一家五金店找到了一份工作,每年才挣 75 美元。有一天,一位顾客买了一大批货物,有铲子、钳子、马鞍、盘子、水桶、箩筐等等。这位顾客过几天就要结婚了,提前购买一些生活和劳动用具是当地的一种习俗。货物堆放在独轮车上。装了满满一车,骡子拉起来也有些吃力。送货并非我的职责,而完全是出于自愿——我为自己能运送如此沉重的货物而感到自豪。

一开始一切都很顺利,但是,车轮一不小心陷进了一个不深不浅的泥潭里,使尽吃奶的劲都推不动。一位心地善良的商人驾着马车路过,用他的马拖起我的独轮车和货物,并且帮我将货物送到了顾客家里。在向顾客交付货物时,我仔细清点货物的数目,一直到很晚才推着空车艰难地返回商店。我为自己的所作所为感到高兴。但是,老板却并没有因为我的额外工作而称赞我。

第二天,那位商人找到我,告诉我说,他发现我工作十分努力,热情很高,尤其注意到我卸货时清点物品数目的细心和专注。因此,他愿意为我提供一个年薪 500 美元的职位。我接受了这份工作,并且从此走上了致富之路。

"付出多少,得到多少"是一条基本的社会规律,也许你的投入无法立刻得到回报,但不要气馁,一如既往地付出,回报可能会在不经意间以出人意料的方式出现。除了老板以外,回报也可能来自他人,以一种间接的方式来实现。在工作中,有很多时候需要我们比他人每天多做一点点,工作就可能大不一样。尽职尽责完成自己工作的人，充其量只能算是称职的员工。如果你在工作中能多做一点点，你就可能成为优秀的员工。

5. 掌控工作，尽职尽责完成任务

在新经济时代，昔日那种“听命行事”不再是“最优秀的员工”模式，时下老板欣赏的是那种不必老板交代而积极主动去做事的人。那些不论老板是否安排任务、自己主动促成业务的员工，那些交给任务、遇到问题后不会提出任何愚笨问题的员工，那些把精力放在工作上，主动请缨为公司创造巨大业绩的员工，才是时下老板要找的人。

小牛过去一直有怀才不遇的感觉，进公司快一年了；她觉得自己一直在打杂。这天下午，上司把她叫了过去，让她在两个星期内完成一份当前整个北京各大商场基本情况的调查报告。虽然公司是做家电生产的，但她从未涉及过商业方面的事情，于是她不假思索地问上司：“到哪里去找资料？”

上司淡淡地说：“你自己想办法吧。”说完，就外出办事去了。

小牛有些愣住了。平时总想做点具体工作，但当具体工作真正到来时，又有些手足无措。

我们常常会看到，有不少年轻人把频繁跳槽视为能耐，将投机取巧当做本事。老板一转身自己就懈怠下来，没有监督就不认真工作。敷衍塞责，文过饰非，缺乏责任心和敬业精神。这种人一辈子都难成大事，做不出成就来。因为他缺乏一种老板精神。老板精神是你在这个企业工作，企业就是你的，你就应该是公司老板。有了老板精神，你就会成为一个值得信赖的人，一个老板乐于接受的人，从而也是一个可托大事的人。因为一个为公司尽职尽责完成工作的人，往往已经把这份工作看成是自己的事业，自己的事业是公司事业的一部分，公司的事业也就是自己的事业。

谭丁曾是沃尔玛中国的总商品经理。从1995年沃尔玛中国开始筹备的时候，刚刚从上海交大毕业的谭丁就加入了这家世界最大的公司。由于对采购工作根本没有任何经验，当时的谭丁工作进行得极其艰难，但是，她始终坚持一个原则，随时都要想着为公司争取到最大的利益。

正是有了这种老板的心态，她在工作中逐渐积累经验，逐渐掌握了谈判的要诀和技巧，同时注意把握一种双赢，由于在工作中时常考虑到供货商的利益，致使她最终打开了采购工作的局面。就这样，她从一个普通的采购员升任到助理采购经理，再到采购经理，到最后成为总商品经理。如今她已经被列为沃尔玛的TMAP计划培训，这个培训计划的目标就是成为接班人，可能是上一级主管，也可能是更高的管理层。同事们都认为她会有无限量的上升空间。

每个老板都希望自己的员工能主动工作，带着思考工作。对于发个指令，揿动按钮，才会动一动的“电脑”员工，没有人会欣赏，更没有老板愿意接受。职场中，这类只知机械完成工作的“应声虫”，老板会毫不犹豫地剔除在考虑之外。对于老板而言，只有那些能准确掌握自己的指令，并主动加上本身的智慧和才干，把指令内容做得比预期还要好的人，才是他们真正要找的人。

英特尔总裁安迪·格鲁夫应邀对加州大学的伯克利分校毕业生发表演讲的时候，提出以下的建议：“不管你在哪里工作，都别把自己当成员工，应该把公司看作自己开的一样。事业生涯除了你自己之外，全天下没有人可以掌控，这是你自己的事业。你每天都必须和好几百万人竞争，不断提升自己的价值，增进自己的竞争优势以及学习新知识和适应环境，并且从转换工作以及产业当中学得新的事物，虚心求教，这样你才能够更上一层楼以及掌握新的技巧，才不会成为失业统计数据里头的一分子。”

肖云龙是一家IT公司的销售部经理。一天，他到一家销售公司联系一款最新的打印设备的销售事宜，因为是一款定位为大众化的新品，并且厂家即将开展大规模的广告宣传，为争取更大的市场份额，对经销商的让利幅度也非常大。肖决定在媒体大量宣传报道之前同一些信誉与关系都比较好的经销商敲定首批的订量。

不巧的是，同他一直保持密切业务关系的那家公司的老板不在。当他提起即将推出的新品时，一位负责接待他的员工冷冷地说："老板不在！我们可做不了主！"

肖继续把厂家准备如何做该款的宣传，需要经销商如何配合进行渠道开拓的设想向这位接待人员讲解，试图得到他的理解和回应。但是，令他失望的是，那个销售人员根本不听他的解释，只用非常简单的一句话搪塞："老板不在！"

肖没有任何办法，只好悻悻地走了出来。他来到有业务联系的第二家公司。不巧的是，这家公司的老板也不在。虽然很失望，肖还是想试一试，看能否说服接待他的人。接待他的是一位新来不久的女青年，不仅面容姣好，惹人怜爱，工作也特别有热情。当得知肖是来自一家著名的IT公司的销售经理的时候，她立即表现出了一个公司员工应有的热情，马上倒了一杯水给肖，还主动介绍了自己的情况。

肖向她说明了来意，她以自己刚刚学到的营销知识，敏锐地感觉到这是一个不错的商机，无论如何不能因为老板不在就让它白白溜走。她主动要求第二天就为他们公司送货，其他具体事宜等老板回来以后再由老板定夺。

结果很清楚，第二家公司的老板不在时，女工的热情等于为公司谈成了一桩生意，这款产品在整个S市市场上只有它一家经营，不到一个月就销售了近3000台，为老板净赚了6万多元。而第一家公司的员工却因为老板不在而丧失了很好的商机。

肖后来把这件事告诉了第二家公司的老板，老板当然非常高兴，对他招聘的这名新员工很是满意，不仅在公司全员大会上表扬了她，还对她进行了奖励，鼓励她继续把公司的事情当成自己的事情做。

在工作中,不要只做老板交代的事,而是做你应该做的事。把公司当作自己的产业,能够让你在拥有更大的挥洒空间,掌握实践机会的同时,也能够为成果负起责任。这是你的大好机会,能够让你在工作岗位上发光发亮,培养企业家的精神,开造出一番新的局面。

一位善于主动去做老板没有吩咐的事的员工,是这样描述自己的职责的:“在这个不断变化的世界里,我有责任为改变我自己以及我所在的公司和社会尽力。这意味着我必须考虑到他人和我自己的各种行为与对策的长远后果。我必须努力争取双赢。我所在的公司把我看成是一个值得信赖的员工,一个能够大胆直言、提出问题和提供建议的人。虽然我正式的工作职责中并不包括这部分内容。”如果你想取得和老板一样的成就,办法只有一个,那就是积极主动地工作。

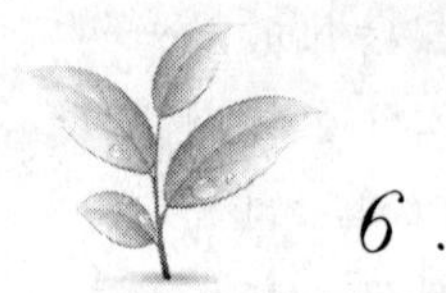

6. 想公司之所想,急公司之所急

对于员工来说,公司就是第二个家。无论是老员工,还是新员工,无论是管理层,还是技术工人,身在同一公司,就有责任为公司做出自己的贡献,有责任为我们共同的家而努力。只要公司发展好了,才能为我们提供更好的发展机会,才能更好地改善我们员工的物质精神生活。因此,要学会把公司的困难当成是自己的困难,与公司同甘苦共患难,想公司之所想,急公司之所急。反之,如果不尽心工作,把问题留给老板“扛”,那么,你离丢掉饭碗的日子也就不远了。

托马斯和哥哥在码头的一个仓库给人家缝补篷布。托马斯很能干，做的活儿也精细，当他看到丢弃的线头碎布也会随手拾起来，留做备用，好像这个公司是他自己开的一样。一天夜里，暴风雨骤起，托马斯从床上爬起来，拿起手电筒就冲到大雨中。哥哥劝不住他，骂他是个笨蛋。在露天仓库里，托马斯察看了一个又一个货堆，加固被掀起的篷布。这时候老板正好开车过来，只见托马斯已经成了一个水人儿。

当老板看到货物完好无损时，当场表示给他加薪。托马斯说："不用了，我只是看看我缝补的篷布结不结实，而且，我就住在仓库旁，顺便看看货物只不过是举手之劳。"老板见他如此诚实，如此有责任心，就让他到自己的另一个公司当经理。

公司刚开张，需要招聘几个文化程度较高的大学毕业生当业务员。托马斯的哥哥跑来，说："给我弄个好差干干。"他深知哥哥的个性，就说："你不行。"哥哥说："看大门也不行吗？"他说："不行，因为你不会把活当成自己家的事干。"哥说他："真傻，这又不是你自己的公司！"临走时，哥哥说托马斯没良心，不料托马斯却说："只有把公司当成是自己开的公司，才能把事情干好，才算有良心。"

几年后，托马斯成了一家公司的总裁，他哥哥却还在码头上替人缝补篷布。这就是以老板的心态做事与以打工者的心态做事的区别。

职场上，很多人会有这样一种错误认识，那就是老板应该比员工更积极，因为那是他自己的公司，而员工只不过是打工的。因此，解决问题是老板的事，员工要做的只是执行命令。其实，在工作的过程中，不论级别、不分工种，所有人都免不了会遇上许多问题、挑战、压力，而解决这些问题，化解这些麻烦，也正是企业老板聘用员工的目的所在。所以，在自己的工作岗位上，一定要知道如何及时处理问题，如何正确地解决问题，切忌把问题留给老板或上司。把精力放在工作上，就是在工作中不要只做老板交代的事，做你应该做的事。作为一名员工，首先要有一个"企业属于自己"的心态。要把公司看成是自己开的一样，不管老板在不在，不管主管在不在，不管公司遇到什么样的挫折，都要全力以赴、积极主动去做任何事情。

张燕是老总的秘书，老总高兴的时候夸两句，不高兴的时候责骂也是必然的。所以作为老总身边的工作人员，张燕会时时刻刻注意将事情安排周密。

有一次，张燕陪同老总去谈客户，请示要不要把合同带上，老总说只是初次见面，签合同还早着呢，带了也没用。张燕一想也对，但是离开办公室的最后一秒钟，她还是把事先准备好的合同和所有可能用到的资料装进了文件夹。

席间，客户不停地问这问那，甚至提及了打款事宜，看苗头很有意愿。老总在心里一个劲儿后悔没带文件合同，这时张燕微笑着从包里取出文件资料让客户更明细地了解公司产品，客户看了很满意。张燕又不失时机追问一句："陈总，如果您对我们公司的一切都还满意的话，今天我们就可以签订合同，这样您还可以享受我们最后一天的优惠价格，而且像您这样的客户我们一定也会让您享受周到的售后服务。"

经过一番言语交错，客户同意签合同。这时张燕从文件夹中把合同书拿出来端放在客户面前，客户大笔一挥签下了两份合同书。事后，老总开玩笑地说："小张啊，你可不是个听话的员工啊。不过你这种不听话应该作为案例在全公司提倡，哈哈哈……从下个月起，要财务部给你加三成薪水。"

一位企业总经理说："当年我在一家公司做策划部主任的时候，部门里就有一个这样的年轻人，明明极为聪明，好创意一个一个往外面冒，就是不说，开会的时候，她从来不主动发言，你问到她头上，她也不会一次把所有的想法都说出来。可每当让她做什么策划的时候，那些火花呀、创意呀，又让你不得不承认她做得漂亮。我曾经跟她谈过几次，我认为每一个部门的成就是大家一起创造的，在同一个集体里没有与自己无关的事。可她说，不是我分内的事情我为什么要替别人操心。唉，人是聪明人，就是没有团队意识。"

如果你是这样的员工，请替你的老板考虑考虑，如果你处在他的位置上，你会怎么想？你是不是希望大家的劲儿往一起使？你是不是希望人人都有好创意？你是不是要讲团队意识？

有一次，一家公司的业务部经理带领他的团队去参加一个产品展示会。在开展会之前有许多事情需要加班加点地做。诸如展位设计和布置、产品组装、资料整理和分装等。可业务部经理带领的团队中的大多数人却和往常在公司时一样不肯多干一分钟，一到下班时间就跑回宾馆去了或者逛街去了。经理要求他们干活。他们说："又不给加班费，干什么活啊？"更有甚者还说："你也是打工仔，只不过职位比我们高一点而已，何必那么拼命呢？"

在开展会的前一天晚上，公司老板亲自来到会场检查会场布置的进展情况。到达会场已经是凌晨一点了，业务部经理和一个安装工人正趴在地上认真地擦着装修时粘在地板上的涂料，两个人都浑身是汗。让老板惊讶的是，其他的人一个也不见。见到老板，业务部经理站起来对老板说："我失职了，没能让所有的人都留下来工作。"

老板拍拍他的肩膀，没有责备他，而是指着那个工人问："他是在你的要求下才留下来工作的吗？"

业务部经理简单地把情况介绍了一遍。这名叫张岳的工人是主动留下来工作的，因为他觉得公司现在需要他。在他留下来时，其他工人都嘲笑他是个傻瓜："你卖什么命啊，老板不在这里，你累死老板也不会看到，还不如回宾馆好好地睡上一觉。"

老板听完叙述，没有任何表示，只是招呼他的秘书和其他几名随行人员一同加入工作。参展结束后，回到公司老板就辞退了那天晚上没有参加劳动的所有工人和工作人员。同时，将与业务部经理一同工作的张岳提拔为安装分厂的厂长助理。

那些被开除的人都满腹牢骚地来找人事部经理理论："我们只不过多睡了几个小时的觉，凭什么就辞退我们呢？而他不过是多干了几个小时的活，凭什么当厂长助理？"他们说的"他"就是那个被提拔的工人张岳。

人事部经理对他们说:“用前途去换取几个小时的懒觉,这是你们自己的行为,没有人强迫你们那么做,怨不得谁。而且,我还可以根据这件事情推断,你们在日常的工作中也偷了很多懒,这是对公司极端的不负责任。张岳虽然只是多干了几个小时的活,但据我们调查,他一直都是一个一心为公司着想的人,在平日里默默地奉献了许多,比你们多干了许多活,他应该得到提拔。”

张岳的行为其实并没有什么惊人之处,甚至说不上有什么技术含量,但在公司需要的时候,他及时地补了上去,做着企业需要的事情。一个懂得为企业着想、主动补工作的人,当企业得到了良好的发展时,他也会从中受益。一个员工,要有一种把自己当作公司主人的心态,而不是把自己当成老板的仆人。你不是在为别人工作,而是在为你自己工作。当你具备做主人的心态时,你就会把公司的事当做自己的事。这样一来,你就会不断地提升自己的价值,成为老板所倚重的员工。

第六章
智慧工作，集中精力解决问题

工作就是发现问题，分析问题，最终解决问题。工作中的任何困难必有方法去解决。同样一项工作，有的人能轻易完成，有的人则费尽周折。其中的关键在于是否善于思考，懂得用脑。在工作中找到了一个正确的方法能够事半功倍。在努力的基础上，工作还需要聪明地去思考。如果你一味地忙碌以至于没有时间来思考少花时间和精力的方法，那是得不到事半功倍之效的。

1. 正确的方法才能解决问题

一个员工把精力放在工作上，才能从中发现问题，认真研究才可以找到解决的办法。对于工作而言，汗水固然重要，但方法更为重要。爱因斯坦曾经提出过一个公式：W＝X＋Y＋Z。这里，W 代表成功；X 代表勤奋；Z 代表不浪费时间，少说废话；Y 代表方法。从这个公式中我们可以知道，正确的方法是成功的三要素之一。如果只有刻苦努力的精神和脚踏实地的作风，而没有正确的方法，是不能取得成功的。成功需要的不仅仅是勤奋，也不单纯与花费的时间、精力成正比，同样需要方法。只有正确的方法才能提高解决问题的效率，才能保证成功。

迪士尼乐园刚刚建成的时候，建筑大师格罗培斯为各个景点之间的路径犯了愁。他在这所乐园的建设上费尽了心思，马上就要开放了，但是却为连接各个景点的路的设计陷入了困境。尽管他是一个有着数十年设计经验的老专家，但是对于如何设计一条能够使人们感到和这个童话王国相匹配的路的问题，还是有点为难了。

他左思右想，不得方法。公园开业在即，园方一再催促他加快设计。有一天，他在自家房前的草坪上散步，忽然想到一个主意。与其进行纷繁复杂的设计，倒不如来个简单的策划，让游客自己选择。说做就做，他马上让员工们在乐园里都种上草，并立即开放。

就这样，一个没有路的迪斯尼乐园出现在人们的面前。过了数月之后，一条条弯弯曲曲的优美道路出现在人们面前，并和乐园的童话色彩形成完美呼应。最终这条道路的设计方案还获得了伦敦国际园林建筑艺术研讨会的最佳设计奖。

英国科学家达尔文说：世界上最有价值的知识就是关于方法的知识。因此，当别人都认为工作只需要按部就班地做下去的时候，一些优秀的人会集中精力找到更有效的方法，将效率提高，将问题解决得更好。正因为他们有这种找方法的意识和能力，所以能以最快的速度得到他人的认可。

小张与小黄毕业于某名牌大学企业管理专业，并同时进入一家中型企业。小张工作努力认真、踏实肯干，除了工作就是工作，他好像总有做不完的事，而且还常常自动留下来加班，天天工作到很晚才下班，但遗憾的是工作业绩平平。小黄呢？如果用传统的“认真”来衡量，他则有些“不务正业”，他的想法和做事的方式都与众不同，从不墨守成规的他总是琢磨一些“懒办法”——别人两小时完成的，他就想办法争取一个半小时完成；相同条件下，别人做到10分的效果，他要努力做到12分……主管交给他的任务，他不但能完成得干净利落，而且效果都能令人满意。做完主管安排的工作后，小黄还经常主动向主管申请做一些额外的工作，而且工作之余他还经常主动去找同事、主管交流工作中存在的问题，很快就与大家建立了很好的工作和私人关系。

一年后，小黄得到提拔并被委以重任，小张则只获得象征性的加薪鼓励。这让小张心里非常不平，认为小黄工作没自己认真，而且还总是逢迎拍主管马屁，凭什么业绩考核反而比自己好？而且还受到公司的重用？自己为公司付出了那么多，反而落得竹篮打水一场空。他越想越觉得不好受，于是向总经理递交了辞呈。

现实中，类似小张这样的人并不在少数。人们习惯地认为“老黄牛”式的员工就是好员工，但事实上，“努力”工作的人并不一定会受到上司的赏识。即使你付出了百分之二百的努力,如果没有给企业带来实际的效益,要想得到老板的赏识也是不太可能的。在这个以效率为先、靠业绩说话的时代,努力工作固然重要,但更重要的是要用脑子,蛮干很难得到认可和赏识。

曾经,我们以“老黄牛精神”激励人,让人人都做埋头苦干的“老黄牛”。但是,在知识经济时代,仅仅有埋头苦干的精神已经不够了,我们不仅要努力工作,更要学会工作方法。唯有既肯干且干出成绩来的员工,才是不会被淘汰和取代的人才。工作方法并不完全决定成败,但没有好的工作方法,往往会导致失败。有的人在工作中采用了经过深思熟虑的工作方法,其工作成效显著;而有的人漠视工作方法,其工作效果不佳。当把二者的工作绩效进行比较时,这个话题就变得吸引人了。显然,工作方法对人们的影响非常重要。

一家著名企业招聘,共有三名非常优秀的女士闯到最后一关——过五关斩六将,在数千名应聘者中脱颖而出,赢得董事长亲自面试的机会。在最后面试前十分钟,董事长秘书过来对她们说:“董事长喜欢他的工作人员比较职业化,我为你们各准备了一套职业装和一个黑色手提包。但是衣服上有个黑点,需要你们自己想办法。顺便说一句,董事长很爱干净。”

三名女士面面相觑,黑点非常刺眼地粘在白色衣服的衣服角上,傻子都知道这是董事长故意安排出来的考试,他肯定会特别关注这个小黑点。

时间紧急,甲女士抓过衣服,立刻用手搓了起来,结果越搓黑污越大,很快就成了巴掌那么大一块,无法补救。她绝望地退出了。

乙女士则飞奔到洗手间,快速地用水洗黑污……但遗憾的是,时间马上就到了。等她匆忙回到应聘那间屋子的时候,她穿的衣黑点处变成湿淋淋的一大块,董事长叹息着摇摇头。

最后只有什么都没干的丙女士通过了测试。

乙女士很不服气地问董事长,她的竞争者是怎么处理这块黑点的,董事长不是很爱干净吗?

董事长微笑着说："丙女士自始至终都没有让我看到那块污点，她双手优雅地把包放在身前，正好挡在黑点上，注意，那个黑包是秘书给你们的那个。"听了这话，应聘者都不得不低头服输。

无论是在生活中，还是在工作中，我们都不可避免的遇到一些棘手的问题。但这些问题并不可怕，只要我们选择正确的方法，就一定能够将问题解决。

工作的实质，就是解决那些妨碍我们实现目标的各种各样的问题。有问题是正常的，没有问题才不正常。每一位员工，也许每天都要面对层出不穷的问题，而问题永远不会自动消失。最好的办法，就是对问题负责，勇敢地面对问题，开动脑筋解决问题。

2. 不做"问题猎物"，做"问题猎手"

在工作中，人与问题的关系是猎手与猎物的关系。要么，人是猎手，问题是猎物；要么，人是猎物，问题是猎手。不是你消灭它，就是它消灭你。一个优秀的人，总能在第一时间察觉问题并妥善处理。我们不该放过任何的苗头，应该认真加以重视，直到把问题产生的根源找到，并将问题解决。

问题不是一个贬义词，它是每个员工成长中的一个必然过程。如果我们把问题作为一个停止前进的理由，那这确实就是一个问题；如果我们发现问题后，积极主动地去处理它，将看似麻烦的问题转变成自己的机会，那问题恰好是我们迈向成功的一个台阶。不论是什么情况，问题总是无穷无尽的，只要你愿意，可以找出无数的问题。找问题不难，难的是通过对问题的分析，收集信息，理清思路，找到解决办法，提出解决方案。老板聘请员工,是请他来解决问题的,而不是请他来提出问题的。可以说,解决问题是员工的职责所在,否则他就失去了被聘用的前提。

一场众人期待的音乐剧演砸了,剧院经理特别生气,为了弄清楚究竟哪些方面出现了问题,他把剧组的工作人员全部都叫来。经理首先问导演:"说说你的看法。"

导演说了一大堆理由:编剧设计的台词过于拗口、服装师迟到20分钟、演员的表演欠火候、灯光和美工没能按照要求工作等。经理听了之后说:"作为该剧的导演,我认为问题的根源就是你,因为你根本没有用心去解决问题。"

导演解释说:"出现这样的问题根本不关我的事……"

没等他说完,经理又说:"那么,从现在开始这里再也没你的事了。"

公司需要那些可以独立思考、独立解决问题的人。如果你有什么重要的观点意见想要发表的话,就寻找一个恰当的时机,不管在不在你的控制、管理范围之内,你都得留心好机会,不能让它从你的鼻尖溜掉。问题意味着机遇,这是所有优秀员工的最基本的观念。在工作中,每当他们面对问题时,他们总会这样想:"这里面藏有什么样的机会呢?"在优秀员工的眼中,问题永远不是"无法完成任务"的预言家,而是"机遇"的乔装者。无论所面对的问题难度有多大,优秀人士所做的,首先是坦然地接受"问题",然后对这个问题作出冷静、清晰的分析,积极行动,让隐藏在问题背后的机会浮出水面。因此,每当问题到来,他们总会说:"感谢上帝! 又有巨大的机遇等着我去发现了。"而不是放下工作,中途逃避、退缩。既然问题是这样重要,那么,发现问题苗头时,就绝对不能放过,哪怕这一苗头是何等不引人注意,或何等荒诞。

20世纪80年代,可口可乐与百事可乐的竞争达到了白热化,可口可乐的部分市场被百事可乐蚕食,如何收复失地成为可口可乐新上任的CEO古兹威塔最重要的任务。可口可乐的管理者提出了各种方案,试图从百事可乐的手中抢夺市场占有率。

当大家都将问题聚焦在与百事可乐竞争的问题上时，古兹威塔却提出了这样一个问题：

“美国人平均一天消耗多少液体饮料?”

他的下属回答：“14 盎司。”

古兹威塔继续问道：“那么可口可乐占其中多少?”

答案是 2 盎司。由此，古兹威塔做出了一个具有战略高度的决策：让可口可乐成为饮料市场的消费主流，挤占市场上那 12 盎司的水、咖啡、牛奶等，而不仅仅专注于同百事可乐在几盎司的可乐市场的争夺。可口可乐的目标是：当人们想要喝些什么的时候，首先想到的是可口可乐。为此，可口可乐采取了一系列措施来提高其在整个饮料市场的占有率。通过提出正确的问题，通过站在更高的角度解决问题，可口可乐再次超越了百事可乐。

可口可乐的案例给了我们一个重要的启示：被问题牵着鼻子走，并不能够帮助我们解决问题。一次失败的行动、一个错误的决定、一个流产的计划……问题看起来都可能出自外在环境。但仔细分析，你就会发现，所有的问题往往都是由自己不用心造成的。但遗憾的是，很多人在工作中出现问题时，总是认为社会有问题，同事有问题，单位领导有问题……把工作中出现的问题归咎于他人及其他外在因素。如果你认真地留心过周围的人，或者认真地分析过自己，就会发现，很多人在面对挫折、面对问题时，常常会为自己找个堂而皇之的借口，成了“问题猎物”。谈及问题，很多人就会皱着眉头说：“真是烦死了，工作中问题时时处处存在，诸如市场问题、财务问题、协调问题、效率问题、质量问题等等。”工作就需要不断处理问题，没有问题的工作是不现实的，也是不可能存在的，更是危险和可怕的。员工存在的价值就在于解决问题，员工的责任就是敢于面对问题，不当危险来时的鸵鸟，而是当猎物来到时的猎豹。

一天，一家建筑公司的经理突然收到一份账单，账单上所列的东西不是任何建筑器材，而是两只小白鼠。总经理不由心生疑惑：公司买两只小白鼠干什么？他有些生气，找到那个买小白鼠的员工询问:“你觉得小白鼠很好玩是吗?你为公司买两只小白鼠到底要做什么?”

员工并不急于为自己辩解,而是问了经理一个问题:“上周我们公司去修的那所房子,电线都安好了吗?”

“安好了,”经理没好气地说,“你问这个干吗?快说你买白鼠的原因。”

员工答道:“我们要把电线穿过一根10米长但直径只有2.5厘米的管道,而且管道砌在砖石里,并且拐了4个弯。当时,小王和小李费了很大劲把电线往里穿,却怎么也穿不进去。后来我想了一个好主意,到一个宠物店买来两只小白鼠:一公一母。然后把一根线绑在公鼠身上并把它放到管子的一端。另一名工作人员则把那只母鼠放到管子的另一端,并且逗它吱吱叫。当公鼠听到母鼠的叫声时,便会顺着管子跑去救它。公鼠顺着管子跑,身后的那根线也被拖着跑。我把电线拴在线上,小公鼠就拉着线和电线穿过了整个管道。”

经理听了恍然大悟,惊喜万分,他想不到这个员工原来这么聪明。从此,这个员工就成了经理身边的红人,一直被老板重用。

在工作中找到了一个正确的方法能够事半功倍。在努力的基础上,工作还需要聪明地去思考,聪明地思考才能更好地工作。如果你一味地忙碌以至于没有时间来思考少花时间和精力的方法,那是得不到事半功倍之效的。所以说,工作的最终目的不是坚持不懈,更不是将问题挤压。而是找准正确的方法解决问题。作为一名把精力放在工作上的员工。你要做的不是一味地表决心和一味地咬紧青山不放松,而是善于动脑筋,将问题处理好。

3.

集中精力，就没有解决不了的问题

工作中总是有层出不穷的问题和困难，不要习惯性地认为这些问题、困难是属于上司和老板的，和我们无关。事实恰恰相反，那正是我们需要做的事情。我们去看看那些把精力放在工作上的员工，那些靠着某些因素成功的“幸运儿”，他们从来不曾回避问题，从来不曾惧怕困难。他们总是积极思考，不仅能够透过表面现象看到问题的本质，更能从中找出有效解决问题的办法，因此，他们总是能够克服别人克服不了的困难，解决别人解决不了的问题。

英国皇家海军有一次招聘雇员，口试题目为：在一个大风雪的夜晚，你开着一辆车，经过一个车站，有3个人在等车。一位是有病的老太太，一位是救过你的医生，一位是你梦寐以求的情人。你会载哪一位？请说明你的理由。

载老太太。因为救人第一；载医生，因为知恩图报；载情人，因为可能一辈子再也碰不到。

200多位应聘者，给了各式各样的答案，有的应聘者还在答案后附加了很多理由。但最后被录取的那位的答案是：把车钥匙给医生，让医生带老太太去医院，我留下来陪梦寐以求的情人等车。一个能想到这个最佳答案的人一定善于及时转变自己的思考模式，善于运用自己的大脑，他的答案体现出了善于处理棘手事务的智慧。这样的员工会成为企业最需要的员工。

有句阿拉伯谚语说得好：“你若不想做，会找到一个借口；你若想做，会找到一个方法。”人注定会遇到来自学业、事业、家庭等诸多方面的问题，总找借口的懦弱者将会成为地地道道的失败者，总找方法的大胆者注定成为真正的成功者。

面对问题,应该保持良好的心态,它会使人充满自信、正常思考。相信任何问题都有解决方法,并且集中精力,努力去找方法,而不是一味地找借口。只有这样,才会积极地去想办法解决问题,并在这个过程中不断征服困难、不断超越自我、不断尝试、不断更新,体会到更多东西,学习到更多经验。就如登山,当我们站在山顶感受到一个更为广阔的世界时,会发现攀爬过程的疲劳和障碍都已变得微不足道。

一位名字叫做杰克的商人,有一天,他告诉他的儿子:"我已经为你物色好了一个女孩子,现在,你去娶她吧!"儿子回答说:"老爸,我自己要娶什么样的新娘,由我自己来决定,不用你老人家来操这份心了。"杰克笑道:"呵呵!但我说的这女孩可是比尔·盖茨的女儿哦!"儿子叫了起来:"啊?如果是这样,我无条件答应!"

在一个聚会中,杰克跟比尔·盖茨说:"我帮你女儿介绍个好丈夫吧!"比尔·盖茨说:"杰克,别乱开玩笑了!我女儿还小,暂时不考虑嫁人呢!"杰克又说:"但我说的这年轻人可是世界银行的副总裁哦!"比尔·盖茨大吃一惊:"啊?这么个优秀的年轻人,我女儿可以提前考虑。"

接着,杰克去找世界银行的总裁,杰克很直接地说:"总裁,我想介绍一位年轻人来当贵行的副总裁。"总裁说:"我们这里已经有几十位副总裁,够多了!我还准备裁人呢!"杰克说:"但我说的这年轻人可是比尔·盖茨的女婿哦!"总裁叫道:"啊?那这样的话,叫年轻人先过来跟我聊一下吧!"

最后,杰克的儿子既娶了比尔·盖茨的女儿,又当上世界银行的副总裁。

方法决定成功,方法决定效率,方法决定速度。一个人成功与否在于他是否做任何事都力求最好的方法。美国有位教授用了10年时间潜心研究一个问题——"如何帮助年轻人成为职场红人"。他对世界500强企业和各大政府机构进行调查研究,结果发现,所谓的职场红人,不一定有高人一等的智商、超越常人的交际能力，也不一定有卓越的领导技巧，他们之所以成为职场红人，靠的是善于找方法的思考能力，他们懂得运用自身拥有的一切资源，从而找对方法，做对事。这个时代需要的不是只会出力、不讲方法的人，而是靠智慧找到正确的工作方法的人。努力重要，集中精力去寻找一个正确的方法更重要。

有一个厂子，常年生产衬衫，可是，随着人们思想的转变，穿这种老式衬衫的人越来越少了，厂子的效益一年不如一年。几年下来，库房堆满了卖不出去的旧货。

这时，有个年轻的工人提议，把积压的白衬衫前后印上一些字，比如："朋友，别再伤害我！""我烦着呢！离我远点！""笑一笑好吗？""一块儿吃个饭吧！"这些新潮的词印在衬衫上，让这些衣服显得很另类，满足了当下年轻人追求时尚的心态。

当时，很多人不赞同这种做法，认为这种改变意义不大。厂长决定先做出一批投放市场，看看客户的反应如何。很快，一批印有标语的衬衫摆到了商场的货架上，让人意想不到的是，这些衬衫很快被销售一空。于是，第二批、第三批印着个性标语的衬衫纷纷上市，并大量销售，一时间，无人问津的"老衬衫"变成了一种时尚的服装。该厂不仅卖掉了积压的产品，还加班加点地进行生产，一个濒临破产的企业居然起死回生了。

有时候，一件事情看似简单，有的人却做许久不见成效；有些事情看似难做，换到某些人手中，马上就见了成效。究竟是什么造成了这些区别呢？答案就是他们把更多的精力用在了寻找更好的方法和技巧上，并掌握了工作的技巧和方法，他们本身就对工作有着极高的驾驭能力，既花费了较短的时间和较少的精力，而且还把结果做得比别人好。相反，倒是那些天天忙忙碌碌工作的人，不懂工作的方法，结果走了不少弯路，做了许多无用功。遇到困难时，用正确的思维方法思考，往往就能找到解决的方法。

4.

只要精神不滑坡，方法总比问题多

工作其实就是解决问题、实现目标的过程。在这个过程中，选择好的方法至关重要。因为在正确的方法指导下，我们能以最少的时间、最少的资源实现目标。成功者无论从事什么工作，都绝对不会疏忽工作方法。

国外有一个奇异的小村庄，村庄里除了雨水，没有任何水源。为了解决饮水问题，村里的长者决定对外签订一份送水合同，以便每天都有人把水送到村里。一名叫艾德和另一名叫比尔的人表示愿意接受这份工作。由于竞争既有益于保持价格稳定，又能确保水的供应，于是村里的长者将这份合同同时给了他们二人。

艾德签了合同后便立刻行动起来，每天起早贪黑，不辞辛劳地奔波于湖泊和村庄之间，用两只桶从湖中打水，运回村庄并倒入蓄水池中。尽管这项工作相当艰苦，但艾德乐此不疲。由于他的勤劳，很快就赚到了钱。

可比尔呢？奇怪的是签订合同之后，他便从人们的视野中消失了。比尔干什么去了？原来，他做了一份详细的商业计划，并凭借这份计划找到了 4 位投资者。6 个月后，比尔带着一个施工队和一笔投资回到村庄，花了整整一年时间接通了从村庄通往湖泊的大容量的不锈钢管道。水管能够每周 7 天每天 24 小时不间断地为村民提供用水，水质更好，而且价格却只有艾德的 75％。

不仅如此，比尔又进一步琢磨：如果这个村庄需要水，其他有类似环境的村庄一定也需要水。于是，他重新制定了商业计划，开始向更多的村庄推销他的快速、大容量、低成本、卫生的送水系统。这样,他不仅解决了许多村庄的用水问题,而且还为自己开发了一条源源不断的财路。结果,比尔的事业越做越大,而艾德虽然仍在拼命地努力,但结果却可想而知。

这两个人的故事影响了许多人,人们想起这个故事的时候常会问自己:“我是在拼命地争取成功,还是在聪明地赢取成功呢?我是在靠个人一成不变的努力,还是在通过创新,让自己的努力转化为更高的价值?”对于成功而言,勤奋、自信、顽强固然重要,但是在今天单凭这些就想实现自己的目标和愿望,已经变得越来越难了。大量的事实证明,聪明地工作比拼命地工作更有可能取得成功;靠创新往往可以取得大成功,只知埋头拼命工作最多也只能是暂时的小成功。

创新是指人们为了发展的需要,运用已知的信息,不断突破常规,发现或产生某种新颖、独特的有社会价值或个人价值的新事物、新思想的活动。创新的本质是突破,即突破旧的思维定势,旧的常规戒律。创新精神是一个国家和民族发展的不竭动力,也是一个现代人应该具备的素质。

美国的摩天大厦因为游客的增多而出现了令人困扰的拥堵问题。为了解决这个问题,工程师决定再修一条电梯。电梯工程师和建筑师做好了一切勘查准备,在现场正准备进行穿凿作业,工作还没有开始时,工程师便与每天在这里工作的清洁工攀谈起来。

“你们要把各层地板都凿开?”

“是啊!不然没办法安装。”

“那大厦岂不是要停业好久?”

“是啊!但是没有别的办法。如果再不安装一台电梯,情况比这更糟。”

“要是我,我就把新电梯安装在大厦外!”清洁工不以为然地说。就这样,这个“不以为然”的草根智慧,成就了“观光电梯”的盛况。

不过是闲聊,成功者却在几分钟内获取了新的想法,极大地帮助了自己的工作。若是一个无聊的人，肯定只会关心一些"你收入多少""每天工作几小时"之类的八卦话题，那么还怎么能获取有用信息呢？恐怕观光电梯到现在还没诞生呢！只有善于创新，才能获取最有用的信息并加以利用，从而进行变革。这个故事启迪我们：工作中创新无处不在！做市场，是讲求手段与策略的。如果一味跟随别人的步伐，而没有丝毫的创新，市场只能越做越小，越做越死。有时，一点小小的创意，一个小小的变化，便可以改变产品的市场格局，赢得良好的业绩。一个小小创新，就可以使企业在激烈的竞争中胜出，总是因循守旧地坚持传统的模式，是很难脱颖而出的。因此，创新的意识不能忽视。

20世纪30年代初，在美国马洛利公司任职的卡尔森，是加利福尼亚大学物理系的毕业生。因他常见到公司的同事在复印文件的过程中，时间占用过多，劳动强度很大，本该轻松完成的工作，成了令人头痛的麻烦事，便想改进一下复印方法。他做了很多的实验，但却没有成功。

后来，他改变了做法，暂时中止了实验，而用大部分的业余时间钻进纽约的图书馆，专门查阅有关复印方面的发明专利文献资料。经过一段时间的仔细查找，他意外地发现，以往进行的复印，都是利用化学效应来完成的还没有人涉足到光电领域。利用光电效应比利用化学效应，从理论上讲，效率要高得多。显然，这是复印研究开发中的一大缺陷。他瞄准这一缺陷重新开始进行大量的实验，将光的导电性和静电原理相结合，终于取得了成功。

在工作中，许多员工抱着坚守岗位的态度，一切因循守旧，缺少创新精神，认为创新是老板的事，与己无关，自己只要把分内的工作做妥就行，舍此无他。这种思想实在要不得。创新不需要天才。创新只在于找到新的改进方法。任何事情的成功，都是因为能找出把事情做得更好的办法。能找出把事情做得更好的方法，就是创新。因此，在工作中就应该以最高的规格要求自己找到好方法。

5. 多想办法，就没有解决不了的问题

工作效率离不开好的工作方法，如果不能为自己找到有效的工作方法，最终受到影响的只能是自己。但只要我们换一个思考问题的角度，跳出习惯的思维框框，就会得出异乎寻常的答案。

一位商人向哈桑借了2000元金币，并打了借条。在还钱的期限快到了的时候，哈桑突然发现借据丢了，他万分焦急。他的朋友纳斯列金知道此事后，对他讲："你给这个商人写封信去，要他到时候把向你借的2500元还给你。"哈桑虽然迷惑不解，但他还是照着朋友纳斯列金的话做了。信寄出后，很快就收到了回信。商人在信中写道："我向你借的是2000元，不是2500元，到时候就还给你。"

这种将不可能变为可能的思维方式对我们工作的落实具有非常重要的意义。世界是丰富多彩的，解决问题的方法就理应是多种多样的。众所周知，许多年前，在巴拿马国际博览会上，我国的名酒茅台也来参展。但由于包装不佳，摆放的位置也不醒目，所以，没有引起人们的注意。怎样才能让茅台酒引起别人的注意呢？参展的工作人员急中生智，拿起一瓶茅台，假装不慎失手，将酒瓶摔到地上。顿时，醇香四溢，吸引了所有的参观者。茅台因这一摔而扬名，获得了金奖。这个成功的经验后来成了营销课堂上必讲的案例。所以，我们一定要突破思维定势，灵活变通去寻求各种各样解决问题的方法。用一种灵活的方式去解决问题，是每一位成功者必须掌握的做事方法。

美国有一个收藏家在收藏初期经常"一掷千金"收藏名品，

过了一段时间，他开始资金周转不灵，如果他想要继续收藏这些"名品"，还要出大价钱，后面肯定就是要和银行，和高利贷借钱。但是这个收藏家换了条路——他开始收藏名家的"劣画"。事实证明了他是一个非常有眼光的人，这些劣画不仅便宜，而且容易收集，短短一年他就收集了三百多幅。大家一定在想，劣画有什么用呢？能卖得出去吗？

答案是肯定的。这位收藏家开始在各大报纸上刊登广告，他决定举办一期名家劣画大展：目的是为了让大家能更珍惜名画，更好的辨别名画。这个画展空前成功，四面八方的人赶来，争先恐后地去参观他们所仰慕的大师们的劣画，更有人不惜重金把画买回，而这位收藏家也名声大噪，成为收藏界的知名人士。

工作没有方法不行，在逆境和困境中，有方法就有出路；在顺境和坦途中，有方法才有更大的发展。同一件事，换一个方式和角度，收到的效果就会完全不一样。想法决定活法。你能想到别人想不到的，做到别人做不到的，就能获得别人得不到的回报。

泰勒是第二次世界大战中美国的一名海军军官，他曾经用非同寻常的审讯方式，从一名纳粹分子的口中获得了德军机密。当时号称"狼群"的德国潜艇在大西洋上横行一时，对盟军的海上运输构成严重威胁。更令人感到吃惊的是，德军还研制了一种感音鱼雷，即将投入战斗。盟军派出了大量的情报人员想搜寻有关的情报，但都一无所获。不久，美军在大西洋击沉了一艘德国新式潜艇，碰巧有一名自称汉斯的军官曾参与了感音鱼雷的研制工作。他被俘后，美军采取了各种各样的审讯措施，但汉斯立场顽固，软硬不吃。最后，美军把任务交给了海军军官泰勒。

泰勒会说流利的德语，知识渊博，灵敏机智。他不把汉斯当作俘虏反而与之交上了"朋友"。通过接触，汉斯十分佩服泰勒的风度。一天，泰勒邀请汉斯下棋，两人边下边谈，十分融洽。

“你为什么不审问我？”汉斯提出了他一直想问的问题。“你不过是一名普通军官，有什么好问的？”汉斯不屑一顾。“你错了，我是一名经过专业训练的优秀的鱼雷军官！”高傲的汉斯有点被激怒了。“得了吧，老弟，就你那三流海军，还有什么鱼雷？”泰勒更轻蔑地摆了摆手。“请不要小瞧我们，我们不但有鱼雷，还有比你们更加先进的感音鱼雷！”汉斯有点控制不住了。

“哈哈，感音鱼雷，你别编神话了。”泰勒用嘲讽的大笑刺激汉斯。汉斯终于再也忍不住了，顺手抓过一张纸，画出了鱼雷的原理图，以证明自己没有讲神话。就这样，美军终于获得了感音鱼雷的秘密，研究了对策，使德国这一新式武器没能发挥出任何威力。

泰勒激将成功，就在于他了解汉斯的高傲性格。高傲的人最怕的莫过于别人看不起自己。因此，当泰勒以“轻蔑”的态度、“轻蔑”的话语刺激他时，强烈的自尊心便使得他说出了本不该说、也不会说的话来。世界上之所以那么多人一直庸庸碌碌，不是他们没能力，也不是没耐力不努力，而是因为他们不动脑筋。

一个知名企业的老总时常这样对员工说：“我们的工作，并不是要你耗费体力、耗费时间去拼命，而是要你带着大脑去工作，要巧干，而不是蛮干。”这就是说，一个优秀员工应该勤于思考，善于动脑，分析问题和解决问题，找出巧妙的解决办法，而不是一味出蛮力，这样只能事倍功半。

美国有个年轻人去西部淘金，到了那儿才发现淘金的人比金子还多，他好不容易圈定了“地盘”想要大干一场，结果几个凶神恶煞的大汉走了过来，声称这些是他们的领土。而换个地方淘金大抵还是如此，这个年轻人没有沮丧，也没再找地方淘金，他悉心地观察周围的环境，发现淘金的人非常多，但是淘金地点一般都非常干旱，缺少水源，忙着淘金而忍受饥渴的人更多，甚至有很多人因为饥渴而死。

这个年轻人突发奇想，虽然淘金的希望十分渺茫，但找水的希望还是很大的；挖金子倒不如卖水。他停止了淘金，开始去寻找水源，拉到淘金地点，卖给那些淘金的人。这在当时，比起那些挖金子一夜暴富的人，这个年轻人在淘金地点却不挖金子，确实有点“傻”，当时很多人嘲笑他，但他一如既往。

结果几个月后，大多数的淘金者是空手而归；而这个年轻人在很短的时间卖水挣了6000美元，这在当时是相当可观的。

不论工作有多么繁忙，也要腾出时间来思考，找出最为省力有效的解决方案。巧干就是指在工作中懂得挖掘技巧、灵活解决问题的工作方法，它是一种解决问题和发明创造的能力，是一个人敏锐机智、灵活精明的反映，也是充满活力、随机应变的表现。因为巧干抓住了事情的关键，并找到了解决问题的针对性方法。因此，我们在任何时候都要做一个有头脑、有智慧的员工，懂得凡事思考，讲究方法，而不是一味蛮干。其实，成功的秘诀很简单，就在于善于开动脑筋去想办法，用智慧去解决问题。只要我们在工作中主动运用我们的大脑，好方法就会泉水般涌出，我们也会在职场中找到属于自己的最佳坐标。

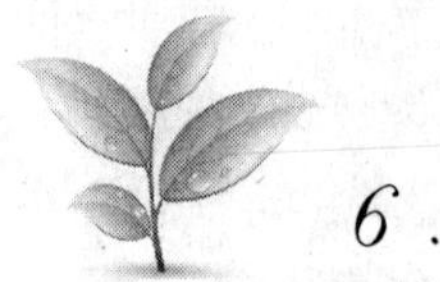

6. 只为成功找方法，不为失败找借口

在美国的企业中流行这样一句话：“上帝不会奖励努力工作的人，只会奖励找对方法工作的人。”就像世界上出了锁以后必然有与之相应的钥匙一样，问题与方法也是共存的。2004年10月，美国著名杂志《商业周刊》刊登的一篇文章，可能让我们对思维在人生中的价值认识更深刻。在这篇名为“最佳商学院排名”的文中，《商业周刊》披露：在调查的公司中，芝加哥大学的毕业生最受欢迎。为什么该校的毕业生最受欢迎呢？主要因为该校培养了大批经济神童，而大批经济神童之所以产生，是由于该校

特别重视对 MBA 学员进行分析问题和解决问题的思维方法能力的系统训练。正如一位富翁所说："只有看到别人看不见的东西的人，才能做到别人做不到的事情。"

有一个关于洛克菲勒的经典故事。第二次世界大战后，刚成立的联合国因为没有合适的办公地点而发愁。这时，洛克菲勒慷慨地将自己在纽约的一大片土地，无偿地捐给联合国。联合国的领导喜出望外，接受了这份馈赠，并对洛克菲勒表示了深深的谢意。难道洛克菲勒得到的仅仅是这些吗？不，早在给联合国捐赠之前，他就将所捐土地周围的一大片土地买下来了。当联合国的办公地址一选定，周边土地的价格立刻飞涨，除去所捐土地的成本，他还狠狠地赚了一大笔！

这就是找方法的价值和妙处！学会成为一个不找借口找方法的人吧！唯有这样，你才能成为一个真正杰出的人！找到方法，创新方法，在今天这样一个处处以结果说话、以事实说明问题的时代，已经变得至关重要了。对每个人而言，找到好的工作方法已成为个人职业生涯中一项最重要的技能。只有这样，我们才能战胜通向成功路上的困难。

1972 年，新加坡总理李光耀要求新加坡旅游局制订一个旅游发展规划，发展新加坡的旅游事业。新加坡旅游局接到指示后不久，却给李光耀总理打了一份新加坡不能发展旅游业的报告。报告的大意是说：我们新加坡不像埃及有金字塔；不像中国有长城；不像日本有富士山；不像夏威夷有海浪。我们除了一年有四季直射的阳光，什么名胜古迹都没有，要发展旅游事业，实在是巧妇难为无米之炊。

李光耀看过报告，非常生气。他在报告上批示了这样一行字：你想让上帝给我们多少东西？阳光，阳光就够了！后来，新加坡利用那一年四季直射的阳光，种植花草，在很短的时间里，发展成为世界上著名的"花园城市"，连续多年，旅游收入列亚洲第三位。

工作不能总是按老规矩、老观念、老习惯去办，而是要“变”，变则通，不变则永远不通。当我们在其中的一条路上走不通时，不妨转换一下思路，问题可能就迎刃而解。俗话说：“山不转，水转；水不转，人转。”我国古代《易经》也说：“穷则变，变则通。”遇到问题时，只要肯找方法认真解决问题，就能取得成功。

思路决定出路，思路一变天地宽。甚至变换一个思路，原本没有路的地方便有了路，甚或有两条或更多的路。所以，努力工作固然重要，但更重要的是我们能够找到巧妙而有效率的工作方法，高效地完成工作。

美国商业巨子哈默在中学的时候，就赚了自己的第一部小车，是怎么赚的呢？

有一次他逛商店时，看到一辆新车，市场特别流行，他非常想买，但是一看价格，他就傻了：185 美元！这在当时可是工薪阶层半年的工资啊！一个小孩哪有那么多钱呢？但是他不死心，就去向哥哥借钱。哥哥不相信他能还得起，就不借，但是经不起他死磨硬缠，只好借给他。但是有一个条件，就是要哈默保证在两个月内如数还钱。

小哈默心里也没底，自己怎么能还上那些钱呢！但是，想到自己心爱的车，他还是咬着牙答应了！结果他没用两个月的时间，就把钱全部还上了。怎么还的呢？

原来买到车以后，哈默立即寻找赚钱的机会，他发现有一家百货商店，圣诞节期间招聘送货员，他想自己正好有一辆车，可以去送货。他想去试试！

可他去了那家商店，人家并不认可，一个中学生能送什么货啊？他灵机一动说：“如果我送得没有别人多，我就不要钱。”

老板被他的决心打动了，就决定给他一次机会。小哈默利用自己的勤奋，尽力发挥自己的优势，在同样的时间里，跑的地方比别人多，送的货物也比别人多。顾客都很喜欢这个年轻勤快的小伙子。

结果等圣诞节过去了，他整整赚了 200 美元。还了欠债，还剩下 15 美元。

有与众不同的想法，才能有与众不同的收获。思路决定了一个人的出路和人生的高度。一个我们普通人认为不可能做到的奇迹，被哈默这个中学生做到了。可见，最优秀的人往往是最重视找方法的人。他们相信结果就藏在方法背后，凡事都会有方法解决，而且是总有更好的方法。种子落在土里长成树苗后最好不要轻易移动，一动就很难成活。而人就不同了，人有脑子，遇到了问题可以灵活地处理。其实在很多时候，只要你稍微改变一下自己的思维结构，就会解决好许多原本麻烦的事。当你真正熟练地运用灵活的思维后，你会发现，从前一些难度很大的事情，现在变得不那么难了，从前不是很重视你的领导，现在也开始看重你了。

第七章

杜绝抱怨，抱怨只会白白浪费精力

抱怨是失败者的借口，是逃避者的理由。在工作中，千万不要抱怨，而应尽力去把它做得很好。这不仅是一个机会，更是你有气度的表现。与其到处宣扬自己有多努力，贡献有多大，还不如把时间精力花在冷静反思上，想通了原因、想清了对策，领导对你的关注就随之而来，再大的问题也能迎刃而解，再难的工作也能轻松做好。

1.

抱怨没有一点意义

抱怨是指以抱怨别人获得理由来逃避责任。在职场上，抱怨就像空气一样无处不在，职场人只要凑到一起，抱怨是必需的。工作不好，抱怨；上司不好，抱怨；下属不好，抱怨；经济不景气，抱怨；生活环境不好，抱怨。可以说，只要有人的地方就有抱怨，这个世界的方方面面，无不处在人们抱怨的唇枪舌剑之下。然而事实却是，抱怨根本解决不了任何问题。不信试问，天下虽大，谁又能靠抱怨成为成功人士？相反，抱怨反而会把问题带向更加复杂的一面，给我们带来诸多严重影响。

有位哲人说："这个世界上最多的'东西'不外乎两种：穷人和抱怨，而且两者之间存在着鸡和蛋的关系——贫穷（抱怨）孕育了抱怨（贫穷），抱怨（贫穷）又孵化了贫穷（抱怨）。人们越穷越抱怨，人们越抱怨越穷。"这句话虽然有失偏颇，但也有一定的道理：我们之所以抱怨，就在于我们认为抱怨能为我们带来某些好处，比如同情、认可和优越感。但就像哲人说的那样，事实上我们不仅"越抱怨越穷"，还会由于抱怨招致一连串的麻烦。到头来，我们反倒成了抱怨的最大受害者。

今年刚满30岁的苏珊是美国一家化妆品公司的创办人。小时候，她和奶奶一起生活在乡下。奶奶开了一个小杂货店，为人慈祥又和气，邻居们都喜欢和她聊天。每当那些喜欢抱怨、爱发牢骚的邻居到商店买东西时，奶奶总是会把苏珊拉到身边，让她看自己和邻居说话。有一次，邻居爱普生前来买香烟。奶奶问他："今天怎么样啊，爱普生老兄？"爱普生长叹一声说道："唉，今天不怎么样啊，哈德森大姐。你看看，这天气这么热，气死人了。这种鬼天气，真要命啊！"奶奶一边给他拿香烟，一边附和着说："是啊，是啊！嗯，嗯……"一直抱怨了十多分钟，爱普生才离开了小店。

又有一次，邻居汤姆一进店门就向奶奶抱怨道："哈德森大姐，真是气死我了！我再也不想干犁地这活儿了！尘土飞扬不说，驴子还不听使唤。我真是干够了！你看看我的腿、脚，还有手、眼睛、鼻子，到处都是尘土，我真是干够了！"

奶奶仍然是那副老样子，一边给他拿东西，一边附和着说："是啊，是啊！嗯，嗯……"等汤姆发完了牢骚离开小店，奶奶把苏珊拉到身前，问她："孩子，你听到这些喜欢抱怨的人说的话了吗？"苏珊点点头。奶奶接着说："孩子，在每个夜晚都会有一些人——不管是白人还是黑人，不管是富人还是穷人——酣然入睡但是再也不会醒来。那些与世长辞的人，睡觉时不会感到暖和的被窝已变成冰冷的灵柩，身上的羊毛毯已变成裹尸布，他们再也不能为天气热或驴子不听话而唠叨一分钟。孩子，你要记住：不要抱怨，因为抱怨不能解决任何问题。如果你对现状不满意，那你就设法去改变它。如果改变不了，那就改变你的心态去面对这些问题，但你一定不要去抱怨什么。"

长大后，苏珊牢记着奶奶的话，无论遭遇多大的挫折，她也从未抱怨过什么，最终靠自己的勤奋和智慧打拼出了一片天地，成了业界有名的女强人。

抱怨会破坏我们原本积极的潜意识。曾经抱怨过的朋友都知道，只要我们的头脑中一有抱怨的意识，我们立即就会停下或者放慢手中的工作，为自己鸣不平、拉选票，甚至不顾一切得找到对方讨个公道。如果得不到他们想要的结果，不是大骂世事不公，就是哀叹老天无眼。久而久之，不仅直接影响工作和生活，还会影响心情和心态。而真正的勇者，他们从不抱怨，他们总是能冷静地看待世界，审视自己，最终成就自己。

一个聪明的员工，从不抱怨现状，而是潜心研究如何解决问题，脚踏实地，一步步向上攀登，从而走向成功。在面对不利的环境或者困境的时候,我们为什么不能把困顿当作是对自己的一种磨砺呢?与其牢骚抱怨,不如问问自己:在这个不尽如人意的环境里,我能做些什么?强者靠自己,弱者靠同情,怨天尤人实在于事无补。少抱怨,多行动,才是应对困境的正确方法。

二战著名将领巴顿将军在他的回忆录《我所知道的二战》中讲述了这样一个故事:"我要提拔军官的时候,常常把所有符合条件的候选人集合到一起,让他们完成一个任务。我说:'伙计们,你们要在仓库后面挖一条战壕,8英尺长,3英尺宽,6英寸深。'说完就宣布解散。我走进仓库,通过窗户观察他们。"我看到军官们把锹和镐都放到仓库后面的地上,开始议论我为什么要他们挖这么浅的战壕。有的人抱怨说:6英寸还不够当火炮掩体。还有一些人抱怨说:我们是军官,这样的体力活应该是普通士兵的事。最后,有个人大声说:"我们把战壕挖好后离开这里,那个老家伙想用它干什么,随他去吧。"最后,巴顿写道:"那个家伙得到了提拔,我必须挑选不抱怨就能完成任务的人。"

工作中,你是个爱抱怨的人吗?要知道,习惯性抱怨很可能会"毁掉"你的前程!有职业研究机构从大量的职业咨询案例中发现,至少有一半以上职业出现问题的来访者都会习惯性地抱怨,由抱怨而直接引发跳槽的占38%。这些抱怨体现在方方面面,抱怨老板用人不公、抱怨公司薪水太低、抱怨同事不好合作、抱怨客户不好对付……总之,工作一无是处。那么,面对爱抱怨的员工,一般的管理者是怎么看待的呢?在现实生活中,管理者对爱抱怨的下属,最直接、最常用的手段就是想办法裁掉他。因此,抱怨没有一点意义。抱怨永远解决不了问题,只会把事情弄得更糟。

2. 抱怨只会让你失掉机会

在工作中，我们可能经常觉得这件事不公平、那件事不顺心，当你的这些想法增多的时候，你就会开始抱怨。只要稍加注意，我们经常会听到这样一些抱怨：一位新员工说："工作太累了，但是工资才这么点……"一位资深职员说："我那么拼命地工作，但上司还是不赏识我，我越干越没信心了。"一位部门主管说："客户太难缠了，而且其他部门的人一点都不配合我，我的工作没法开展……"看起来，好像每个人的抱怨都有道理，可是，这样有意义吗？

有一个穷得家徒四壁的三口之家，儿子瘦得皮包骨，爸爸妈妈只好带着孩子到街口乞讨。然而一整天的乞讨没带来丝毫收获，小孩快饿晕过去了。爸爸妈妈非常着急，他们以更虔诚的心央求上帝拯救他们的儿子。于是，上帝派遣使者来到他们身边。使者对这一家三口说，我可以为你们每人实现一个愿望，这家人听了将信将疑。先是孩子的妈妈迫不及待地对使者说："我要一整车的面包，让我的儿子吃得饱饱的！"话音刚落，眼前便真的出现了一车面包。孩子的爸爸先是非常惊奇，转而又怒火中烧——不断抱怨妻子没头脑，浪费这么好的机会只换来了一车不值钱的面包。当使者问他有什么愿望时，他愤怒地说："我不要这些廉价面包，请把这笨女人变成一头蠢猪！"刚说完，孩子的妈妈果真变成了一头猪，面包也突然消失了。这可把孩子吓坏了，他看着眼前的"猪"不住地伤心哭泣，小男孩赶紧哭着对使者乞求："求求您，我不要猪，我要妈妈！"瞬间，妈妈又真的变回来了。使者很无奈地说："我已给了你们希望了，但是，你们因为抱怨把机会全浪费了。"说完，使者就消失了。一家三口又回到了之前的状态，没有面包、没有猪，孩子饿得直哭。

你看，多可怜的一家人啊！因为抱怨，机会、财富和希望瞬间就消失了！抱怨只会让事情变得更糟，抱怨只会让机会错失，财富流失，希望消失，抱怨除了带来伤害外，没有任何用处。所以，别再抱怨了，过多的抱怨，对职场生涯有害而无益。

前程无忧网站曾进行过一个调查，结果显示爱抱怨是影响职业生涯的通病之一。过半数的受调查者认为，爱抱怨是受到老板冷眼的重要原因之一。一般来说，私下跟别人抱怨等于出卖自己，一旦老板对你有了爱抱怨的印象，你的职业前景就堪忧了。实际上，任何老板都不喜欢乱抱怨的下属，因为抱怨会让上司觉得你自私、消极、自以为是。甚至有的老板直言："怨夫(妇)"是削减职员时首先考虑的对象。抱怨除了会引起老板的不满外，还会影响与一般同事的关系。过多的抱怨可能会让人望而生畏，退避三舍。向别人抱怨自己遭受的不公，刚开始可能会有人表示同情，但往往发莫能助，而越来越多的抱怨最终只会拉远与他们的关系。

公司要裁员，小文和小肖都被列在了解雇的名单上，按照公司的规定，被解雇的人员第二个月必须离开公司。小文回家后，痛哭了一场，第二天到了公司，还是愤懑不平，她逢人就抱怨："我平时在公司干得这么卖劲，这么多人，凭什么要把我裁掉？公司真的是太不公平了。"而且越到最后，话说得越难听，甚至有些话里的意思是，她之所以被裁员，是有人背后告了她的黑状。而且她还把宣泄不完的愤怒都发泄在工作上，该她负责的工作故意拖延，甚至有很重要数字的文件也不认真处理。

小肖和小文的遭遇是相同的，但态度却完全不一样。小肖虽然心情也很沉重，毕竟这是自己工作了多年的公司，而且待遇不薄，所以她没有向任何人抱怨，她觉得公司这样做也是不得已而为之。于是暗下决心，先做好手头的工作，以后再寻找更好的机会。在公司里，她在工作之余也会和同事们表示遗憾，说一些大家以后不能再在一起工作的话，并且及时地交接工作，以免自己走后给他们带来工作上的不便。一个月后，公司却只通知小文一个人离开公司，人事主管的解释是：“公司准备多留一个人，小肖在工作上仍然认真负责，且毫无差错，所以留下了她。”

我们的精力很有限，我们没有必要把有限的精力花在浪费时间，浪费感情，浪费精力的抱怨上。因为这样，吃亏的最终是自己。虽然适度的抱怨是发泄消极情绪，缓解内心压力，维持心理健康的一种手段。但是，当抱怨成了习惯，持续的抱怨会使人的情绪变得非常糟糕，看什么都不顺眼，进而在工作上敷衍了事，引起他人的不满，最终使个人的发展道路越走越窄。比如，很多才华横溢的人在公司得不到晋升，大都是因为他们有抱怨的毛病。自恃有才，认为自己被大材小用，不愿意全力以赴，不愿意自我反省，每天都有一肚子的怨气。试问，谁会提升一个牢骚满腹的员工呢？

索尼公司创始人盛田昭夫曾经说过这么一个故事：东京帝国大学的毕业生在索尼公司一直非常受欢迎。有个叫大贺典雄的帝国大学高材生，是一位有才华的青年。他加入索尼公司之后曾多次与盛田昭夫争论，盛田昭夫喜欢这个直言无忌的年轻人，非常器重他。出人意料的是，后来盛田昭夫居然把大贺典雄下放到了生产一线，给一位普通工人当学徒。这让很多员工迷惑不解，甚至怀疑他得罪了盛田昭夫。有人为大贺典雄感到不平，但大贺典雄只是淡淡一笑。

一年后，更让人大跌眼镜的事情发生了，还是学徒工的大贺典雄居然被直接提拔为专业产品总经理，员工们百思不得其解。在一次员工大会上，盛田昭夫为大家揭开了谜团：“要担任产品总经理，必须要对产品有绝对清楚的了解，这就是我要把大贺典雄下放到基层的原因。让我高兴的是，大贺典雄在他的岗位上干得不错。然而，让我坚定提拔念头的是——整整一年，他在累、脏、卑微的工作环境下居然没有任何牢骚和抱怨，而且甘之若饴。”人们终于明白了其中的原因，不由报以热烈的掌声。5年后，也就是在34岁那年，大贺典雄成为了公司董事会的一员，这在因循守旧的日本企业，简直是前所未闻的奇迹。

如果一个人对自己目前的环境不满意，唯一的办法，是让自己战胜环境、超越环境。奥地利小说家茨威格说过："机会看见抱怨者就会远远避开。"喜欢抱怨的人在职场中是没有立足之地的。房龙说："当世界抛弃了你，而你又无法改变时，你才有权利抱怨。"不少人在平时的工作中常常推责于别人，却很少从自己身上找原因。其实，别人的存在与做法一定有其合理性。抱怨别人，不如改变自己。你自己改变了，一切就会改观。

3.

抱怨少一点，成功就近一点

有些人似乎天生就爱抱怨，抱怨公司、抱怨老板、抱怨同事、抱怨工资、抱怨客户、抱怨压力、抱怨批评、抱怨薪水太低付出太多、抱怨考核制度不公平、抱怨管理混乱、抱怨领导独断专横、抱怨没有一个好老爸、没嫁个好老公、抱怨自己家的孩子没有别人家的聪明……好像世界上就只有他是最不幸最倒霉的人，没有什么是他不抱怨的，似乎不抱怨他就没法过日子。可是抱怨有用吗？抱怨能解决问题吗？抱怨能使你摆脱现状吗？抱怨能使你的工作、学业、生意越来越好吗？抱怨能使你快乐起来吗？什么都不可能！抱怨不能解决任何问题，抱怨没有任何用处，抱怨只能让你自己越来越不快乐，只能让你的生活越来越不如意，你的意志越来越消沉、你的工作越来越差、你的生活越来越糟……抱怨有百害而无一利！

阿明在短短一个月的时间内已经连续更换了4次工作，无奈中只好去求助一位职业咨询师。

"第一家单位的老板太苛刻，脾气太坏，我忍受不了他那张严肃的脸，结果我一气之下就走了，"阿明不无遗憾地说，"不过那里的员工还不错。"

职业咨询师问："第二家呢？"

"哦，我是一个相对安静的人，我不喜欢吵闹的环境，我上了一周的班，可是那个部门的人太活跃了，我受不了他们的笑声……"

职业咨询师笑了一下，问："第三家是什么问题？"

"第三家我待的时间比较长，但是我反感在背后说别人坏话的人，我连续听到好几次别人说我清高，可是我不是那样的人，我的情绪受到了干扰，我想换个新的环境。"

"可是我发现第四家的人更难以相处，虽然他们都很安静，但是我觉得似乎也太冷漠了，我去了两天竟然没有人拿正眼看过我……"

职业咨询师把身子向后仰去，说："你的困难其实很好解决，你只需要明白，你要适应环境，而不是让环境适应你。你要尽量'合群'，而不是把自己置于群体之外。"

任何一个公司，都可能有苛刻的老板，或者异常活跃的同事，或者在背后抱怨的小人，或者冷漠的人，甚至最糟糕的情况是，这几种人可能会同时存在，但是你所要做的就是"合群"。你要融进你的工作环境，你要适应同事和周围人的生活习惯，因为只有这样，你才可达到最好的工作状态。我们必须知道，抱怨解决不了任何问题，世上没有什么是完美的，所以即使做不到从不抱怨，你也应该尽量让自己少一些抱怨。

俗话说，人生不如意十之八九，遇到挫折，有的人就会通过抱怨来宣泄自己的情绪，因此，抱怨是不可避免的，是人们表示不满和抗争的一种方式，但抱怨是比较消极的，毫无结果及价值。说到底，抱怨是软弱和缺乏自信心的表现，透露着一个人的无能为力和悲观消极，他给人带来精神上的伤害，让人看不到光明，让人心胸变得狭窄，让人在一个狭窄的世界里无法自拔。一个热爱工作和生活的人不能有太多的抱怨，一个渴望幸福的人不能有太多的抱怨，一个富于责任感的人不能有太多的抱怨。

毕业两个月，小周在威海人才网找到一份很好的工作，他的职位是一家IT公司的主管，他一进公司就开始着手准备进行整个公司的年终绩效考核，可是他发现这家公司成立这么久竟然没有一个明确的绩效考核方案，于是他就找到了人力资源经理，大发牢骚："这绩效没法考核，连一个成文的考核方案都没有，让我怎么考核，算了，以前怎么样这次还是一样吧。"

刚好总经理这时也走进了威海人才网人力资源办公室，小周见了，对刚才自己的放肆不免有些后悔。

总经理听了并没有发火，而是心平气和地说："一味抱怨而不思解决，对工作将无任何帮助，而如果停止抱怨，与同事们共同解决问题，你就会有新的收获，小伙子这个任务就交给你了，三天后，你能不能制订出一个方案呢？"

小周忙回答："能，能，我一定尽力而为。"

当即，小周在人力资源经理等人的协同帮助下忙开了，第二天一个方案就制订出来了。

总经理看过方案后非常满意，不过他依旧问道："小周，现在还想不想发牢骚了？"

小周若有所悟地笑了起来。

抱怨不但丝毫不能解决问题，反而会让人失去更高的目标和更强劲的动力，最终职业道路只会越走越窄。职场抱怨是不必要的，与其到处宣扬自己有多努力，贡献有多大，不如把时间精力花在冷静反思上，想通了原因、想清了对策，领导对你的关注就随之而来。抱怨少一点，成功就近一点。与其怨天尤人、哭天抢地，不如鼓起勇气，向命运进行回击，向好的结果展开冲刺。

《杜拉拉升职记》中，杜拉拉在玫瑰休假时一个人包揽了两个主管和一个经理的活儿，加班加点埋头苦干，几乎没让李斯特费心，把项目操整得顺顺利利。可是，她做梦都没想到，李斯特却不认为她的功劳有多大，反而认为搬家是靠搬家公司，装修是靠装修公司。行政部并没起多大作用。杜拉拉真是出力了还不讨好。

这样的事谁都难免会抱怨，产生抵触情绪，但杜拉拉没有这么做。她觉得自己的功劳之所以被埋没，重要的原因是缺乏和李斯特的沟通，使他没有意识到部下的工作有多繁重和艰难。于是杜拉拉立刻调整了工作方式，把主要的工作任务和安排做成清晰简明的表格发送给老板，让他对下属的工作量有个概念。遇到难以处理的问题，杜拉拉就带着解决方案去找李斯特。这一番改进之后，拉拉和李斯特之间的信任建立起来了。

我们之所以抱怨，问题并不是出在工作上，而是出在我们自己身上。实际上，并不是生活亏待了我们，而是我们期求太高以致忽略了生活本身；并不是工作烦闷无聊，而是我们没有把它当做一件有趣的事来做。IBM 前营销总裁巴克·罗杰斯曾说过："我们不能把工作看作为了五斗米折腰的事情，我们必须从工作中获得更多的意义才行。"确实如此，我们得从工作中找到乐趣、尊严、成就感以及和谐的人际关系，这是我们作为职场人士必须要做的事。

约翰大学刚毕业，就进入了纽约的一家出版社工作，担任编辑。他的文笔不错，而且工作也非常认真，从而博得了上司和同事们的一致好评。不过，出版社提供给新员工的薪水却比较低。工作了一段时间之后，还是没有涨薪水，于是，新员工里就有人抱怨道："原以为进入这家出版社能领到丰厚的薪水和福利，没想到薪水这么少！更气愤的是，都快一年了，社里都没有给我们涨薪水的意思。"

不过，约翰并没有参与这种私下里的抱怨。他只是每日里埋头苦干，任劳任怨。因此，有人就笑他傻，领那么点工资，还那么卖命地去工作。但他每次都只是微微一笑，然后又投入到工作中去。

当时，出版社正在进行一系列图书的编辑工作，每个人都被分配了不少任务，个个忙得不可开交。然而，出版社领导并没有增加人手的打算，所以编辑部的人也会被派往发行部去帮忙。不但新员工，就连老员工也对这个决定很不满。结果，整个编辑部只有约翰很乐意地接受了领导的指派，其他人都是去了一两次就开始找理由躲避不去了。

有人偷偷地问约翰："你整天被指派来指派去地干那么多活，却领那么点薪水，你不觉得太亏吗？要是我，早就不干了！"

约翰哈哈一笑，回答说："愿意多付出，才更容易收获。我觉得多做事对我的成长只有好处，没有坏处。"

两年过去后，和约翰一起进来的新员工，有的已经被辞退了，有的虽然还在编辑部里，但薪水待遇并没有提升多少。而约翰呢？他的薪水已经提升了20倍，并且担任了第五编辑室的负责人。十年后，他离开了这家出版社，成立了自己的出版公司。再后来，约翰成为了纽约著名的出版家。

约翰没有抱怨，有的只是任劳任怨，最终他用结果向那些抱怨的人证明——一个人抱怨得越多，其获得就越少。一个人每天工作时，都带着抱怨的情绪，把精力全部用在了抱怨上，怎么能干好工作呢？优秀的人从不抱怨外界环境，他们只想如何改变自己，把工作做到完美，做出更好的结果。

4. 认真工作，及时调整不良情绪

心理学认为："情绪是指伴随着认知和意识过程产生的对外界事物的态度，是对客观事物和主体需求之间关系的反应，是以个体的愿望和需要为中介的一种心理活动。情绪包含情绪体验、情绪行为、情绪唤醒和对刺激物的认知等复杂成分。"情绪与我们每个人的生活息息相关，情绪可以简单分为好的情绪和坏的情绪。好的情绪会为我们提供一种向上的力量，对我们的人生会发挥促进作用，而坏的情绪则相反。我们当然都想要发挥好的情绪的积极作用，避免坏的情绪的负面作用。纵观职场，大凡能成就自己的人，都是情绪稳定、能够很好地控制自己的人。

老板骂了员工小王；小王很生气，回家跟妻子大吵一架；妻子觉得很窝火，正好儿子回家晚了，“啪”给了儿子一记耳光；儿子捂着脸，看见自家的猫在身边，不分青红皂白就狠狠地给猫一脚；那可怜的猫不知所措，转身就跑，冲到外面街上，正遇上街上的一辆车，司机为了避让猫，却把旁边的一个小孩撞伤了。

这就是心理学上著名的“踢猫效应”。“踢猫效应”说明不良情绪是可以传染的。在工作和生活中，不良情绪如果处理不当就会像病毒一样向周围扩散，以致严重地影响我们的工作和生活。在职场中，情绪化的人往往被贴上“不够成熟”的标签，也往往会使周围的同事觉得这个人不好相处，工作上很难和谐交流。如果我们带着情绪去想问题或做事情，往往会导致思考问题的片面化或者把事情搞砸，因为情绪本身影响了大脑的正常思维。职场管理学告诉我们，要想在职场中表现得恰当，就一定要学会控制情绪，更不能让自己感染上不良情绪。因为过于情绪化，不仅会破坏自身形象，还会影响团队形象和公司业绩。那么，是什么导致了自己在工作中的坏情绪呢？

第一，心理疲劳。心理疲劳一般在两种情况下发生：在工作中紧张过度，心理活动异常，心理机能降低；在工作中长期处于一个环境，并长时间地从事单调、乏味的工作。其主要表现为自己感觉体力不支、精神不济、反应迟钝、注意力不集中、思维不敏捷、情绪低落、工作效率降低、错误率上升，再严重一点就可能伴有头痛、心血管功能紊乱等生理上的疾病。

第二，情绪失调。喜、怒、哀、惧是人类最基本的四中元素，情绪可以调节和影响我们的认知，也可以协调社会交往和我们的人际关系。所以调节好我们的情绪有助于我们在工作中保持良好的工作心态，并有助于提高工作效率改善职场人际关系。

第三，压抑。压抑是指心理上感到束缚、抑制、沉重、烦闷。在工作中我们通常是小心翼翼以不影响工作、人际关系为原则。长期地压抑自己，自己的许多权利自然而然地被限制了，所以当遇到一个导火线时就会以几倍的力量爆发出来导致情绪失控。

生活中，我们会遭遇各种各样的事情，自然我们的情绪就会随着起伏。但如果我们任由自己陷在消极情绪中，那么这些不良的情绪就会变成阻碍我们人生航程的桎梏。

2004 年，在希腊雅典奥运会的男子双人 3 米跳板决赛上，彭勃和王克楠的分数遥遥领先，在当时的情况下，即使他们的最后一跳出现失误，冠军也是跑不了的。然而，大概是因为第一次参加奥运会，王克楠情绪起伏很大，又是兴奋，又是紧张。结果他最后一跳竟然直接从板上摔进了水里，而熊倪称这种失误是一个跳水运动员根本不可能出现的。

由于被起伏的情绪所累，王克楠与奥运金牌失之交臂，留下了一辈子的遗憾。试问，如果他懂得觉察自己的不良情绪状态，懂得及时调整自己的情绪，这样的遗憾还会发生吗？这个事例告诉我们，控制情绪对于把事情做对做成功来说，是多么的重要！控制不了自己的情绪，就无法把自己的能力充分发挥出来，就会给自己的人生留下遗憾。

一个人随便表现出自己的情绪不仅会伤害自己，而且也会伤害别人，伤害人际关系。现实生活中，如果人们不想把负面情绪传染给他人，就要自己调节和消化它们。控制和调节情绪是情绪智力的重要成分，提高这种能力，一是要学会尊重别人；二是要有控制情绪的意识；当情绪上来时要努力去控制；三是要学会从别人的角度思考问题；四是要多角度思考问题，不要狭隘地思考问题，也不要完全以自我为中心。

如果我们能自我调节和消化负面情绪，并将它们消灭于无形当然不错，但一味地压抑心中不快，只能暂时解决问题，负面情绪并不会消失，久而久之，就可能填满我们的内心世界，使我们的身心越来越疲惫。因此，除了自我调节和消化外，我们还应该给不良情绪找个宣泄的出口，让它尽快释放出来，正所谓“堵不如疏”。

身为公司技术部门主管的张文女士对于这一点，深有感触：“我会把积极的情绪带到公司，让大家分享我的快乐。因为如果把消极情绪带到工作中，就会在工作处理上有误差，也会让同事慢慢疏远你。关于这一点，我是从实际工作中得到的教训。记得有一天，我们部门有一名技术人员因为头一天工作至凌晨，第二天迟到，影响了整个工程的进展。那天我正好情绪很糟糕，于是不由分说，狠狠批评了那位员工。结果没多久，这名员工就跳槽了。这件事给我的触动很大，因为我当时没能控制好自己的情绪，没有和他及时深入地沟通，结果就给公司造成了人员的损失。从此，我也就学会了绝不把私人情绪带到办公室，我再也不会让主观情绪影响我对人对事的判断。

后来我发现，不同的情绪还会让自己和团队的工作效率不同。将情绪带进办公室，就好比给自己的工作带上了有色眼镜。情绪不好的时候看什么都不好，都会挑出毛病；情绪好的时候，工作起来就会很放松，还可以感染下属快乐地工作。”

情绪是人对外界的一种正常心理反应，有消极和积极之分，作为一个职场人，不应该混淆自己工作和生活中的情绪，更不应该将私人情绪带入工作中。因此，要学会留一点时间给自己适当地调节心理状态，尤其我们现在的工作时间长、环境封闭、工作单一、易发生慢性疲劳，所以在工作中要学会分段、定时休息、做到劳逸结合、有节奏地工作，让不良情绪得到释放。

5.

放下贪婪的欲望，知足常乐

老子说：“祸莫大于不知足，咎莫大于欲得。故知足之足，常足矣。”确实，祸患没有大过不知满足的了；过失没有大过贪得无厌的了。所以知道满足的人，永远觉得是快乐的。用叔本华的观点来说，不满足使人生在欲望与失望之间痛苦不堪，人生的精力也会白白地消耗在这些无谓的事情当中。知足者想问题、做事情能够顺其自然，保持一份淡然的心境，并乐在其中，进而能把精力用在该做的事情上，他们理所当然地更容易做出成绩，取得成功。而那些总是把精力用于自己的欲望和贪心上的人，每天都在忙于钻营，忙于蝇营狗苟，除了能得到一些金钱外，一事无成。有的甚至还会为这些金钱和贪心送了性命。

有这样一个寓言故事：有个人得到了一张藏宝图，图上指出在密林深处有足以让所有人心动的宝藏。这个人立刻准备好了一切旅行用具，甚至不忘带上四个大口袋来装那些"即将到手"的宝物。

一切就绪后，他进入那片密林，一路上披荆斩棘、跋山涉水。他先找到了第一份宝藏，在看到那些金子的时候，他被眼前的金光灿烂震撼了。他马上掏出袋子，把看到的所有金币都装进了口袋。等他离开这个地方的时候，看见门上写着一行字："知足常乐，适可而止。"

"知足常乐"的警示并没有让这个人警醒，他想：没有一个人能看着这么多金子无动于衷的。于是，他没留下一枚金币，扛着大袋子来到了第二个宝藏处，里面储藏的是堆积如山的金条。这个人依旧把所有的金条放进了袋子，当他拿起最后一条时，上面刻着："贪心让人步入深渊。"但是一心想发财的他，完全忽视了这个警告，迫不及待地走向了第三个藏宝的地方。

第三个藏宝的地方有一块磐石般大小的钻石。这个人的眼睛马上就亮了，他贪婪地拿起钻石，放入了袋子。等拿到钻石之后，他发现这块钻石下面有一扇小门。他心想：这个门的下面一定有非常多的财宝。于是，他一点也没有犹豫，就打开门跳了下去，谁知，下面并不是金银财宝，而是一片流沙。这个人在流沙中越陷越深，最终与金币、金条和钻石一起长埋在流沙下了。

知足不仅是一种处世态度，更是一种积极完成工作的方法。当我们在忙于追求、拼搏而迷失方向的时候，知足常乐，这种在平凡中渲染的人生底色所孕育的宁静与温馨对于风雨兼程的我们是一个避风的港口。休憩整理后，毅然前行，来源于自身平和的不竭动力。真正做到知足，工作起来才能多一些从容、多一些乐趣，也才愿意花费更多精力到工作中来。

人生是否快乐，关键看你是否知足。俗话说欲壑难填，人的欲望是无止境的，一种欲望满足了还会有更多的欲望滋生，若欲望太多太高，则永远得不到满足和快乐。如果这个人在看了警示后懂得适可而止，能在跳下去之前多想一想，那么他就会平安地返回，成为一个真正的富翁。不知足的可怕之处，不仅在于摧毁有形的东西，而且能搅乱你的内心世界。你的自尊，你的原则，都可能在贪心面前垮掉。

张峰杰是中国北车集团永济电机厂工模具分厂模具高级钳工。2003 年 10 月，他参加全国职工职业技能大赛，荣获钳工第一名。他先后荣获“全国技术能手”、山西省“特级劳动模范”、中国北车集团“技术标兵”称号，获全国“五一劳动奖章”，2005 年 2 月被永济电机厂评为“金蓝领员工”。

2003 年 10 月，在首届全国职工职业技能大赛上，中国北车集团永济电机厂的张峰杰技压群雄，夺取全国钳工冠军。从此，张峰杰名声大噪。一些企业慕名而来，千方百计想把他“挖”走：有的企业开出年薪 10 万元，有的开到 20 万元，有的开到 30 万元甚至更高。面对高薪的诱惑，两年过去了，张峰杰没有走。但是不少人却捏着一把汗。年薪 10 万元，他没走；20 万元，他没走；50 万元，他还没走……但如果这个价码一直往上加呢？对这个问题，张峰杰公司的领导和同事心里都没有底。但有一点不容置疑，就是以他目前的水平，他是可以胜任年薪 50 万甚至更多的工作的。

当时，领导和同事觉得，张峰杰离开公司是迟早的事情，虽然公司也给了他奖励，但与那些大公司相比，还是不值得一提的。让大家万万没有想到的是，一直到多年后的现在，张峰杰依然留在公司里，踏踏实实地工作着。后来有好事者问他不离开公司的原因时，他微微一笑，说道：“我在这里工作得好好的，干吗离开呢？”

直到有一次记者采访他，大家才明白张峰杰不离开公司的原因。

记者问他：“获得冠军对你的生活和工作有何影响？”

他回答：“那次比赛后，我再次获得晋级。厂里奖励我一套100平方米的住房，2004年又派我去成都参加了一年的技术培训，我现在是企业的首批‘金蓝领员工’，享受高级工程师津贴。”

记者又问：“你成名后，听说有好多企业都以高薪聘请你，开的价码很高，你心动了吗？”

他回答：“老实说，有一点点心动。南方有几个私营企业，开价在二三十万元。但是我想，他们更看重我的名声，而不是我的技术。”

记者：“你现在的收入和其他企业的同等职工比起来，是不是差距很大？”

张峰杰：“我在首钢参加一个活动，首钢高级技工学校的校长问我一个月能挣多少钱？我说不到两千元。他说那你来我这儿，我给你翻两番。”

记者：“你拒绝了这些高薪诱惑，原因何在？或者说，你为什么不走？”

张峰杰：“我能获得冠军，是厂里给了我机会，而且厂里的领导对我也不错，我的待遇在厂里工人中是很高的。得了冠军后，我出去疗养、学习，发现走出去也挺好的，但我的家在这里，我恋厂又恋家，所以始终没有走。”

记者：“如果有这么一种假设，离开现在的企业能使你创造更大的价值，你会怎样做？”

张峰杰：“每个技术工人都愿意创造更大的价值，作出更大贡献。关键是怎么做？这一点我也感到困惑。”

张峰杰没走。他不走的原因，除了公司给他提供的福利外，更多的是因为他知足常乐，这让他扛住了名企高薪的诱惑。人有了贪欲，就永远不会满足，不满足，就会感到欠缺，高兴不起来。老子在《道德经》中说：“祸莫大于不知足。”讲的是知足常乐的道理。许多人不可谓不聪明，但却由于不知足，贪心过重，为外物所役使，终日奔波于名利场中，每日抑郁沉闷，不知人生之乐。古语说：人为财死，鸟为食亡。人不能没有欲望，不然就会失去前进的动力，但人却不能有贪欲，因为贪欲是个无底洞，你永远也填不满。在前进的道路上，当我们取得一些成绩的时候，如果我们都能知足，就能够保持乐观的心态，在对待生活中的困难时，也会泰然处之。知足常乐，在烦躁与喧嚣中，会过滤掉压抑与沉闷，沉淀一种默契与亲善。

6. 学会在工作中寻找快乐

能不能从从事的工作中感受到乐趣，归根到底是一个心态问题。视工作为乐趣，你就能开心地工作；视工作为痛苦，你就陷入了消极被动的境地。其实，工作本身是没有意义可言的，它总是充满了机械性、重复性，但如果我们赋予了它意义的话，工作就会变得有趣。因此，我们所从事的工作是单调乏味还是充实乐趣，往往取决于我们对待工作的态度。

美国西雅图有个派克街鱼市。在那里，你经常会看到这样的场景：

一个鱼贩抓起一条大鱼，扔向20米远的柜台，并高声喊道：“这条鱼将飞往明尼苏达州。”周围的工人齐声应答：“这条鱼将飞往明尼苏达州。”站在柜台后的伙计单手接住后，人群中又发出一片赞叹声，然后他像个胜利者那样对喝彩的人群鞠躬致谢。

有人不解地问那些鱼贩：“为什么一整天在这个充满鱼腥味的地方做苦工，你们竟然还这么快乐？”

鱼贩说，原来这个鱼市场也是毫无生气的地方，大家整天抱怨，后来，大家认为与其整天抱怨枯燥肮脏的工作，不如改变生活品质。于是。他们不再抱怨了，而把工作当成一种享受。有时，他们还会邀请顾客参加接鱼游戏。即使怕鱼腥味的人，也很乐意在热情的掌声中一试再试，意犹未尽。

我们之所以抱怨，问题并不是出在工作上，而是出在我们自己身上。实际上，并不是生活亏待了我们，而是我们期求太高以致忽略了生活本身；并不是工作烦闷无聊，而是我们没有把它当做一件有趣的事来做。IBM前营销总裁巴克·罗杰斯曾说过："我们不能把工作看作为了五斗米折腰的事情，我们必须从工作中获得更多的意义才行。"确实如此，我们得从工作中找到乐趣、尊严、成就感以及和谐的人际关系，这是我们作为职场人士必须要做的事。一群干着枯燥、脏乱工作的鱼贩们，将一个常人通常要绕道走的鱼市场变得热闹非凡，这正是他们将娱乐带到了工作中的结果。

奥地利著名小说家茨威格说："在学校和生活中，工作的最重要的动力是工作中的乐趣，是工作获得结果时的乐趣以及对这个结果的社会价值的认识。"工作是我们施展才能的舞台，它需要我们把寒窗苦读来的理论知识，在工作中加以实践。同时我们的应变力、决断力、适应力以及协调能力，都将在这样一个舞台上得到展示。可以说，工作是一件值得我们用生命去做的一件事。

美国医药界的领军人物、世界前五名的制药厂商查理·华葛林，原来只是一家小药房的老板。那时，他像多数人一样有着对工作的厌倦情绪，常常感到工作的无趣、人生的无趣。

在最烦恼的时候，他无数次问自己："这种状态虽然不好。但是我能舍弃这份工作吗？我能在其他行业施展我的才能吗？"

答案显然是"不能"。他想改变现状，终于想到了一个方法，把工作当作一个有趣的游戏。他是这样做的：有人打电话订货，他会一面接电话，一面举手示意他的伙计，让他立刻把货品送去。

有一天，电话铃响起，他拿起话筒，大声地回答说："好的，郝斯福夫人，五瓶消毒药水，一打消毒棉花，还要别的吗？啊，今天天气真好……”

他跟顾客谈话时不仅说些工作上的事，还这样顺便问候一声，他觉得在这种对话中，他自己的心情也跟着好了起来。同时，他指挥伙计把货物取齐马上送去。这些伙计经过他的训练，已经能够很快地将货物处理妥当，并送至顾客家里。在华葛林接电话的一刻钟内，物品已经送到郝斯福夫人家的门口，但他们仍在通话，直到她说：“门铃响了，华葛林先生。”

这时，他放下话筒，满意地笑了，因为他知道货物已经顺利地送到，而且令顾客非常满意。

这件事之后，华葛林的生意就好了很多。因为郝斯福夫人常对别人说起这件事，她说她订货的电话尚未打完，货物就已经送到门口了。郝斯福夫人无意中的传播，大大提高了华葛林的知名度，这样一来，附近的居民都来他的药房订货，并且渐渐扩展到别处的居民，最后他们都成了他的忠实顾客。他的生意渐渐好了起来。他的小药房，慢慢扩充为公司，然后成立了制药厂，不久，又在各地开设了连锁店。

华葛林之所以能够成功，很大程度上在于他对待工作的态度，他懂得将枯燥的工作兴趣化，及时转换工作心情，把乏味的工作当成有趣的游戏进行，这样自然可以做得轻松愉快。工作如此重要，而且还占据着我们生命中的一多半时间，如果我们工作不快乐，那生活岂不太苦了。其实，只要你换一种眼光看自己的工作，就会发现，再一般的工作，都充满快乐。但前提是，我们在工作中不管做任何事，都应该将心态回归到零；把自己放空，抱着学习的态度，将每一次任务都视为一个新的开始，一段新的体验，一扇通往成功的机会之门。千万不要视工作如鸡肋，食之无味，弃之可惜，结果做得心不甘情不愿，于公于己都没有好处。如果你只把工作当作一件差事，或者只将目光停留在工作本身，那么即使是从事你最喜欢的工作，你依然无法持久地保持对工作的激情。但如果把工作当作一项事业来看待，情况就会完全不同。

一日,有位学者在外散步,他看见一个警察愁眉苦脸,就问:“怎么了?有什么事情让你烦恼吗?”警察回答说:“我一天到晚的巡逻只有10美元,这样的工作简直是浪费时间。”

这时,一个灰头土脸的扫烟囱的人走过来,学者觉得他很快乐,就问他:“你一天能有多少收入?”那人回答道:“3美元。”学者又问:“一天才拿3美元,你为什么这么快乐?”扫烟囱的人惊讶地说:“为什么不呢?”警察鄙视地说:“只有垃圾才爱干垃圾的工作。”学者严肃地说:“警察先生你错了,他在干着使自己愉悦的工作,但是你却每天被工作奴役着,他的人生一定比你更精彩!”

工作是我们的客观需求。但为什么很多时候快乐并不属于工作呢?因为很多时候我们对工作的客观需求并没有顺理成章地转变为主观需求,或者说内心的天平在日积月累的重复和劳碌中被消耗殆尽。很多时候,当我们把工作看成是养家糊口的工具,或者单纯是完成某种使命和责任的劳动之时,心理就戴上了沉重的镣铐,此时,快乐在缝隙中会变得微不足道。在回归人类自然性的时代里,工作在满足物质需求的基础上已经跃升为价值实现的途径,只有适时地调整需求标准和看待工作的视角,才能使自己解脱身心重负。或者说工作中的快乐与不满在某种程度上只是心灵天平上的刻度的变化,往左移一分就是沉寂,再往右移一分就是平衡。在工作中不断寻找价值的追求点,不断营造和谐的工作环境,才是对快乐工作的最好诠释。

第八章

远离是非，别让是非使工作分心

人在职场，是与非本是相对的，外人在不了解内情的情况下是很难作出判断的。因此尽量少去掺和是非，甚至要远离是非。不过，人在江湖，身不由己。碰到是非纠葛，要良心为先，也就是说要对得起自己的良心，即使得罪人也必须坚持良心第一。

1. 学会容忍,远离是非

有时候人们往往会为了一点儿小事而斤斤计较,非要争出个是非对错来,浪费了大量的心力和精力,却并没有任何意义,实在是最得不偿失的一件事情。其实,是非对错对我们来说并没有做好工作来得重要。凡事都需一个"忍"字,忍他人之不能忍,方能远离是非。

美国著名谈判艺术专家罗杰道森曾经遇到过一件事情:有一次,他去参加一家公司的商务宴请,当时他和这家公司的总经理坐在一起,高高兴兴地聊天。突然,一个地区经理怒气冲冲地走过来对总经理说:"我不知道公司是怎么想的,我们部门最优秀的一个提案居然没能获奖,我手下的员工们为了这个提案付出了所有的心血,我以后还怎么激励他们?"

总经理见对方如此无礼,马上就针锋相对地回应道:"那是因为你们的报告晚了整整七天,你明白吗?"于是两人吵了起来。

两个人针对一个简单的问题居然一吵就是20多分钟,到最后两个人已经完全失去了理智,争论的焦点也早已偏离了问题的本质。这时候罗杰道森看不下去了,他站起来对那个总经理说:"区域经理是想获得一份奖项,你能给他吗?"

总经理正在气头上,说:"这绝无可能。"

罗杰道森耸了耸肩,对区域经理说:"既然奖项已经拿不到了,总经理能去亲自慰问一下你的员工吗?"

区域经理说:"如果不能得奖的话,这样倒也是可以。"

罗杰道森对总经理说："区域经理已经做出了妥协，您是不是也能够让一步，满足这个要求呢？"

总经理当即表示同意，一场无意义的争吵就在彼此的妥协中结束了。

事后，罗杰道森说："在你准备和对方争吵之前，不妨先做出妥协，相信许多不必要的麻烦就会因此消失。"

从这个故事中我们可以看出，有时候容忍，真的可以化解一些不必要的纷争，使你远离是非。区域经理和总经理之所以吵了起来，其实不是因为问题无法解决，而是因为谁都不肯让步。人都爱"面子"，你不依不饶，就等于伤害了对方的"面子"，也许一件小事儿也会因此变成一场尊严的"战争"。其实，只要你能妥协一步，给对方一个台阶下，就能化解许多不必要的争端和麻烦。因此，做人一定要给对方留余地，这不仅能表现你的宽容，更为重要的是，给自己留一条后路。留三分余地给别人，就是留三分余地给自己。

佛说："与人相处之道，在于无限的容忍。"但是，生活中往往会有些人，总是喜欢无理取闹，无中生有，故意挑衅。其实，对这些不怀好意的挑衅和侮辱，我们大可以置之不理，因为他们的目的，就是让我们愤怒，从而失去理智，这样他们就可以抓住我们的弱点，将我们击倒。所以，对于这些不怀好意的人，我们一定要沉得住气，学会宽容和忍让。退一步，天地宽。古今中外，有许多名人都懂得"容忍"这个道理。

蔺相如在历史上是有名的智勇双全之人，先是不辱使命地在秦廷战胜了秦王，完璧归赵；后在渑池迫使秦王为赵王击缶，维护了赵国的尊严。因此赵王非常器重他，由于他种种巨大的功绩，被拜为上卿，地位超过了赵国武将廉颇。这事惹恼了曾为赵国出生入死、征战沙场的廉老将军，他急躁刚直，对此事极为不满，抱怨说："我为了国家，连年争战，战场上奋勇杀敌，出生入死，屡战奇功才赢得眼下的高位。那地位低贱的蔺相如只不过是摇唇鼓舌，和秦国打了两次交道罢了。现今居然官居我之上，无论如何我也咽不下这口气。见到他，非羞辱他一顿不可，我要看看他到底有何本事能官居我之上。”

这事传到了蔺相如的耳朵里，他听说之后，每逢上朝都回避着廉颇，尽量不与廉颇正面起冲突。甚至有的时候外出，远远看到廉颇的车马，蔺相如就急忙令人把车让到小巷子里去躲起来。蔺相如的门下看到这些情况，颇为不解，纷纷说：“我们都是因为仰慕您高尚的人品和智慧，才投到您的门下。现在您位居廉颇之上，他说出那样难听的话来羞辱您，就算是平民百姓听了都难以忍受，您不但不反驳，居然还害怕得不得了，处处躲着他。我们没办法在这么低三下四的人手下做事，请允许我们辞别吧！”

对此，蔺相如还是不多作解释，故意岔开了话题，他问了一件似乎与此无关的事：“你们看廉将军和秦王两人哪一个厉害？”众人异口同声地回答：“肯定是秦王了，廉将军就算是再厉害也比不过秦王啊！”蔺相如笑了笑说：“秦王那么威风，我都敢在秦廷大声斥责他，还敢责骂他的文武百官，难道我会害怕廉颇吗？”众人都困惑不解，蔺相如接着说：“秦国那么强大，秦王又如此残暴。他们之所以不敢发兵侵扰我赵国，只是因为我和廉颇两人都在罢了。如果两虎相斗的话，必有一伤。秦国也会趁机入侵我国的。我之所以这样避让、容忍廉将军，就因为考虑到国家的利益，把国家的安危放在前面，而这些‘无伤大雅’的私人恩怨不提也罢。”众人顿时领悟，也由衷折服。这番话传到廉颇耳中，这位久经沙场的老将军羞惭不已，立即上蔺府负荆请罪。如果蔺相如当年没有容忍廉颇的万般羞辱，哪里会成为被世人敬仰的对象啊？

宽容是为人处世的良方，面对与我不同思想、不同信仰、不同性别、不同种族的人，皆应以宽容之心处之，才能获得和而不同的人际和谐。日常生活中、工作中，人与人之间的摩擦几乎不可避免，相互之间诽谤诬蔑也时有发生，面对别人的不理解甚至是恶意中伤，你要如何处置？是针锋相对还是反唇相讥？这体现了做人的境界，也决定了一个人在人际关系中所处的地位。在这个世界上，有许多不幸的事都是由于人们之间缺乏包容心而引发的。我们若能宽待身边的每一个人，那么处处都会变得和睦融洽，我们所生活的世界也因此会成为人间净土。

有个年轻人，毕业之后分到县城一所高中当老师。他有一位嗜酒如命的同事，经常在醉酒之后惹是生非，所以很多人都对这个人退避三舍。只有这位年轻人从来不拒绝和这个人一起喝酒，并且尽力限制他酒后一切不合理行为，还会把他安全送回家中。在这个年轻人的圈子里，有个性格非常暴躁还时常恶语伤人的朋友。在朋友相聚时，也许某人无意中说一句无关紧要的话，便会惹得他大发雷霆，甚至当场发作。这样一个炸弹人，谁也不愿意离他太近，只有这位老师还依然同他保持着良好的友谊。很多人对这年轻人的宽容之心非常不理解，甚至有人说："能和那种人交朋友，估计他自己也不怎么样。"但是当这些人和这个年轻人真正接触过以后，又都觉得这个人非常值得交往。有些心直口快的人就对年轻人说："你还是离那些人远点为好，他们都不是什么容易相处的人。"这个年轻人笑了笑说："他们确实有许多缺点，不过我觉得都不是什么不可接受的毛病，只要宽容一些，他们也会慢慢改过来的。"

因为年轻人的宽容，他身边的朋友越来越多。每当社会上有什么新机会，大家都会给他推荐。每当他个人有什么重大举动，这些朋友都会积极支持。有钱的出钱，有力的出力，有智谋的出谋划策。这个年轻人也最终成为一个功成名就的人。

宽容让你获得心灵的宁静，锱铢必较的人往往不能获得，而是失去更多。面对别人的错误，有些人一味地指责、发难、刁难，其结果就是不欢而散。但是有的人却选择了宽容对方、谅解对方，结果自然是皆大欢喜。所以，宽容能让你得到友谊。爱和宽容是获得友情的基本原则。对于人际关系中的是是非非，我们应该多一些容人之量，少一些小肚鸡肠。

2.

装装糊涂，少招惹是非

在郑板桥所说的“难得糊涂”之中，“糊涂”两个字最为深奥，不明不白谓之糊涂，不闻不问亦谓之糊涂；装聋作哑谓之糊涂，好抹稀泥也可以算做糊涂；界限不清当然可以说是糊涂，而含蓄隐晦则更是糊涂的一种表现，可见糊涂的学问确实博大精深。倘若糊涂随处可见，就绝不能算做是聪明；但糊涂到了“难得”的地步，那么必定是聪明。所以说“难得糊涂”是一种有益的人生智慧。这里所说的“糊涂”是有别于明晰的一种人生态度，更是一种远离是非方式，因而具有极高的思想和实用价值。

王亮原来在某公司的营销部当经理。一天他突然接到人事部门的调令，调他去供应部当经理。在公司，供应部的地位哪里比得上营销部呢？王亮心想如此一调，不就是明摆着对自己不满意嘛，看来前途不妙。以前王亮从事销售工作，整天往外跑，很合乎他的个性，如今，要他整天待在办公室里搞物资调动和那些器材报表打交道，实在是有些受不了。

开始的时候，王亮一直闷闷不乐，心灰意冷。后来他自己忽然想到一个问题：为什么我以前对自己信心十足，当上了供应部经理后就没有了呢？他思之再三，突然醒悟过来：“这是因为我自己的期待值无形中随着部门的调动而降低了，我失去了自我上进的动力。”于是，他开始把精力投入新的工作，慢慢地发现供应部也有自己的用武之地。而且，供应部对整个公司来说，起着举足轻重的作用，只是大家平时把它忽略了而已。王亮重新找到了“工作的意义”，一改以往消极拖沓的作风，变得充满自信，工作起来如鱼得水，得心应手。他的积极态度也感染了下属。由于他出色的工作成绩，供应部获得总公司颁发的两次特别奖金。不久，王亮收到一张人事调令，他被提升为公司的副总经理。

一个人的样子里可以看出许多的东西。自古以来，穷人有穷人的样子，富人有富人的样子。糊涂人自然也有糊涂人的样子。大愚藏智，平和憨厚就是糊涂人的样子。一个人事业有成、春风得意，难免锋芒毕露。若不知收敛，一味卖弄奇巧，耍小聪明，甚至逞强斗勇，定会伤及上下左右，招致诋毁诽谤，最终落个聪明反被聪明误的下场。如果糊涂一点，大智若愚，则未尝不是明哲保身之道。

“难得糊涂”，表面上看是糊涂，其实是一种聪明。这里的“糊涂”，并不是真糊涂，而是“假糊涂”，嘴里说的是“糊涂话”，脸上反映的是“糊涂的表情”，做的却是“明白事”。因此，这种“糊涂”是人类的一种高级智慧。

一次，英国首相丘吉尔和夫人克莱门蒂娜一同出席某要人举行的晚宴。

席间，一位著名的外国外交官将一只自己很喜欢的小银盘偷偷塞入怀里，但他这个小小的举动被细心的女主人发现了，她很着急，因为那只小银盘是她心爱的一套古董中的一部分，对她来说很重要。

怎么办？女主人灵机一动，想到求助于丘吉尔夫人把银盘“夺”回来，于是她把这件事告诉了克莱门蒂娜。丘吉尔夫人略加思索，向丈夫耳语一番。

只见丘吉尔微笑着点点头，随即用餐巾做掩护，也“窃取”了一只同样的小银盘，然后走近那位外交官，很神秘地掏出口袋里的小银盘说：“我也拿了一只同样的小银盘，不过我们的衣服已经被弄脏了，所以应该把它放回去。”外交官对此语表示完全赞同，两人将盘子放回桌上，于是小银盘物归原主。

在很多场合，很多人是不肯装糊涂的，并能够拍着胸膛理直气壮地叫嚷：“我眼里不揉沙子。”不肯放过每一个可以显示自己聪明的机会，张口就是应该怎样怎样，不应该怎样怎样，遇事总是喜欢先用一种标准来判断一下对与错，却总是出力不讨好，原因就是不懂得难得糊涂的道理。

李小姐在生活中就是被笑谓“糊涂多福”的人。或许，在许多事情的处理上，李小姐让人觉得有点傻。

李小姐的一位王姓同事，年龄比她小2岁，看上去却比她长了10岁。有一次，大家在办公室闲聊，王同事问她保养的秘诀，李小姐笑对她说：“没啥，糊涂一点就行。”王同事不解。王同事是个精明能干的女人，正因为过于精明能干，处处不让人，事事都领先，在琐事中劳神费心，所以老得特别快。平时来上班，王同事很少有心情愉快的时候，不是跟婆婆为小事怄气，就是和丈夫孩子拌嘴。工作中，王同事遇到稍微麻烦一点儿、累一点的活儿，她总是想方设法地推诿，绞尽脑汁地编派名目让别人去做。结果，手不累，脚不累，却累坏了心。不少人都不愿和她共事，认为太吃亏。而李小姐却觉得年纪轻轻正是做事的时候，多干一些不算什么。时间久了，领导觉得李小姐颇有容人之量，便提拔李小姐做了科长。

想来，这也是糊涂之福。可见，糊涂一点儿又何妨？职场的智慧有时就是这样简单，它并不需要你有多精明多能干，它只要你糊涂一点。在日常生活中，我们经常可以看到一种有意思的现象：一些聪明绝顶过目不忘的人，往往体弱多病、心情抑郁，而另一些马马虎虎，遇事即忘的人却是笑口常开，身体健康。所以，我们有了“糊涂多福”这句话。想想每个人从一出生到现在为止因为太过精明做错多少的事，说错多少的话而得罪人的。因为这样失去了多少的亲人；因为这样失去了多少的朋友；因为这样失去了多少的客户而造成的严重后果。所以我们要学会糊涂一点。

在生活中，人们经常会遇到一时难于处理、难于解决的矛盾和冲突，人们可以借助于“故意的糊涂”，有意识地拖延时间，缓和矛盾、化解冲突，以便利用最佳时机解决问题——因此，这种“糊涂”实际上就是“明者远见于未萌，智者避危于无形”，是一种少有的谨慎，可以有更多的时间去专注于某项重要的工作，是一种为以后取得胜利的一种策略。

3.

遵守纪律,办公时间不做私事

上班时间不做私事,这是公司对每一位员工最起码的要求。如果一个人在办公室里打私人电话,发私人传真或因私事上网,甚至织毛衣,接待私人来客等等,那么必然会给老板、上司留下一个极为不好的影响。一家企业薪资调查公司最近展开的调查显示,有六成员工承认曾在工作时偷懒,而34%的受访者最常做的就是上网。他们提出的理由是:太闷、工作时间太长、薪金太低或工作没有挑战性。虽然员工打打电话无可厚非,或者偶尔放松一下,也值得理解,但是如果工作时将大部分时间投入到一些无关紧要的私事中,那么难免会让老板觉得你不够敬业和职业了。另外,要知道公司是讲求效益的地方,如果你总是在工作中一心两用,必然会影响自己的工作效率,因此,如果你在工作中不能提供一个让老板满意的结果,那么不要说你不能得到重用,恐怕自己的工作职位也不能得到保证。

职场上风云万变,上班时间,不要安排处理私事时间,特殊情况须提前向领导请示。无论你的心情好与坏,千万千万要记住不能把情绪带到工作中,更别把私事带进来。

格瑞是美国一家超级大公司的部门负责人,事业前景一片光明。但就在那个秋季的一天下午,他犯了一个无法挽回的错误——擅自离岗半小时,并由此影响了他一生的职业发展走向。

9月12号那天下午,格瑞实在经不住正如火如荼进行的欧洲杯足球赛的诱惑,处理完所有的事情后,他偷偷地离开办公室,找到一个有电视的房间,尽情地欣赏起自己喜爱的球队的精彩表演。

半小时后,他带着惬意,匆匆赶回自己的办公室,似乎一切正常。蓦然，他被桌子上的一张纸条惊呆了，上面写道：格瑞先生，既然你那么喜欢足球，我看你还是回家尽情去欣赏好了。上面是他熟悉的签名——公司老板威廉·斯通。

原来，就在格瑞刚刚离开办公室10分钟时，平时不曾到下面各部门走动的老板，很随意地走进了他的办公室，并在他的办公桌前坐了10分钟，却一直未见他的影子。于是，老板勃然大怒，毅然辞掉了这位很有潜能的中层管理者。

中年失业的格瑞后来又辗转应聘了几家公司，但始终未能找到适合自己的位置，收入每况愈下，生活日渐潦倒。后来，竟长时间失业在家。格瑞只能借酒消愁，深深地懊悔当年的那次擅自离岗。

进入职场，成为一个职场中人，其最基本的含义，就是通过你的一份劳动，完成企业交给你的工作或任务，从而获得一份属于自己的报酬，就像一个食物链一样，工作，你，企业，收入，是这个职场链的四个环节，工作，是存在于这个企业唯一的决定因素，是因为工作，你才进入这家企业。从另一方面来说，工作就是你的核心，就是你的饭碗，也就是说，不管你如何，不管你的企业如何，不管你的收入如何，都与你的工作有关。因此，不管在什么时候，不管老板多么器重你，不管同事怎么认可你，不管周围的人怎么夸你；还是相反，工作，永远是第一位的，这是你要牢记的忠告。而那些不能理解这一点的人，往往养成了一种自由散漫、不负责任的毛病。他们认为，享受绝对的自由才是人生的价值所在，人只要对自己负责就可以了。然而，事实恰好相反。

在工作中，许多刚刚进入职场的年轻人身上有一个共同的特点，就是在有些时候不能很好地控制住自己，难以分清楚自己的私事与工作，而将一些私事和个人的爱好带到工作之中，完全按着自己的性子行事，这样不仅仅直接影响到工作效果，还会在身边的同事心中留下一个不好的印象，给自我职业发展带来阻碍。工作的唯一目的应是尽力将工作做好，所以不要让自己的私事影响工作。

那么究竟是什么原因让年轻人有这种表现呢？有的人可能说这是因为年轻人没有任何的工作经验而引起的.他们一时之间还没有能够从单

纯的学生角色转变成身在复杂职场环境中的职业人。这种说法听来是对的，但是这仅仅是一个表层的现象，而并非实质。实际上让一部分初入职场的年经人会有这样的表现，是他们没有公私分’的责任意识，并没有明确意识到办公室与私人空间存在着界限。其实，无论年轻人的这种公私不分的表现是有意的还是无意的，其结果都是一样的，那就是他们在公司的事情中夹杂上个人的事后，会陷入一种困境。可以这么说，不加控制地将私人的事情夹杂到工作环境中是促使我们职场失败的病毒。它可以毁掉我们在职场中的形象，毁掉我们的前途。

2007年，全民炒股时代又一次到来，不过这次杀入股市的新生力量有不少是职场中人。于是，上班时间，电脑的主页变成了证券之星，电话聊天主题离不开“买了吗”、“买什么”之类的询问。小李在一家网络公司上班，平时总是羡慕谁谁的收入高，谁谁的赚钱门道多，就盘算着自己怎样也能赚些外快。这一阵子，股市行情节节攀升，炒股风气高涨，小李的一位朋友就趁此机会大赚了一笔，还鼓动小李也投身股市。

于是，小李整日沉浸在股票的涨涨跌跌中，上班的时候也念念不忘，有时就忍不住偷偷上网查看一下股票行情。小李心里也很清楚：在上班时间干私活是违反公司制度的。但他心存侥幸，心想：只要不被老板发现，就没什么大不了的。他自以为警惕性很高，一见老板向他这边走来，就迅速地将电脑画面切换到要交付的任务上去。老板最近几天都没有出现在公司，小李以为老板一定是出差办事了，就更加放心大胆地忙活开了。谁知当他做得正起劲的时候，忽然瞥见老板在背后冷冷地看着他，小李的心里不由升起一种毛骨悚然的感觉。老板什么话也没说，转身离开了。等小李做完了手头的工作，老板便通知他去财务部那儿领了最后的薪水，并告诉他，以后可以不用再做“地下工作者”了。

如果你通常在工作期间处理私人事务、老板会感觉你不够忠诚。因为公司是讲求效益的地方，任何投入必须紧紧围绕着产出来进行。工作时处理私人事务,无疑是在浪费公司的资源和时间。一位老板曾经这样评价一位当着他的面打私人电话的员工:“我想,他经常这样做,否则他怎么连我也不防?也许他没有意识到这有悖于职业道德。”因此,要想在竞争中脱颖而出,就必须在工作时间不要做与工作无关的事。

胡莉在一家大公司任职。平时工作很紧张,但紧张之余胡莉还是不忘记打电话给朋友,然后眉飞色舞、手舞足蹈地聊上很长时间,扩展自己的交际范围。所有的朋友都知道胡莉有这个习惯,他们也会在工作时间打电话给她,和她谈一些无关紧要的事情。午饭时间是打电话的最佳时候,因此,她的午饭总是简单迅速,因为她要打越洋电话给异国他乡的亲人和朋友。在同事的印象中,胡莉总是抱着公司的电话在说笑。在她心情舒畅地跟朋友说笑时,胡莉忘记了自己的周围有同事,这既耽误了自己的工作,也影响了同事的工作,而且她朋友的工作也被影响。同时,因为胡莉总不放下电话,与公司有关的业务电话也就有可能接不通。终于有一天,胡莉这样的行为使公司漏接了一项大的业务,公司开始彻查此事,胡莉受到了严惩。

胡莉就是因为没有很好地区分开工作时间和私人时间而闯出了大祸,如果你不把工作时间做私事当回事,不去认真对待,那么你也很有可能会出现胡莉那样的事故。对老板来说,工作时间处理私人事务的习惯,很大程度上反映出员工工作的心态。有些老板通常把私人事务的多少,当作一位员工是否积极上进、安心本职工作的考核标准。因此,公私不分,工作时间处理私人事务,既影响你的工作质量,也直接影响了你在老板心目中的形象。

当然,在工作中,我们可能不可避免地要受到私事的影响,那么我们该如何做到工作和私事分开呢?下面几个方法可以借鉴:(1)尽量缩短和减少在工作中处理私事的时间。比如,有朋友因急事找你,那么你应该择要简短地将问题交代清楚,不要家长里短地说一大堆。(2)尽量把私事安排在休息时间处理。每个人在工作期间难免会受到私事的影响,一旦遇到这种情况,那么就应该自行安排在休息时间处理。不过,需要注意的是，即便是在休息时间，也尽量不要让自己的私事影响到同事。(3)不要把私人物品放在办公室里。在办公室里，除了雨具、备用的衣服、餐具、小镜子、梳子等必备品外，不要把其他的私人用品放在办公室里。不仅不应该在公用的橱柜里放置私人用品，也尽量不要在办公室的抽屉放置过多的私人物品，否则，你很容易给人留下不好的印象，上司甚至可能觉得你并没有把办公室当作工作场所。

4. 谨慎言行，不要窥探别人的隐私

不窥探别人的隐私，不探听别人的私事，这是一种礼貌，也是一种修养，更是爱惜自己的精力、不把精力浪费在这些无用的事情上的智慧。每个人的心中都有隐私，那是神圣不可侵犯的，也是不容别人碰触的领域，你为什么要去窥探呢？而且即便窥探到什么，于你的工作、你的生活，又有什么益处呢？

隐私是人际关系中的一个十分敏感的问题。无论在古代还是在现代，每个人都有各种各样的不愿公开、不愿告诉他人、不愿被人知道的秘密。诸如个人嗜好、生理特征或缺陷、病情、挫折和痛苦、过失与教训、私人友情、婚恋史、夫妻生活、子女血缘、财产收入、宗教信仰等。对这些个人私密，本人不愿讲，也忌讳别人打听、窥探。现代心理学已告诉我们，人的秘密处于保密状态下，心理和情绪是平稳的，而一旦个人秘密被人发现，就会引起心理和情绪的躁动不安。有时即使别人没有发现，但怀疑他人已经发现了，心中也会忐忑不安，压力很大。情节轻者不高兴，对他人的窥探产生意见，严重者为了心理上的自卫和反击，往往爆发冲突，更有甚者，甚至会采取极端手段，对个人或他人进行攻击，引发不良后果。所以说，隐私往往牵动着人们最敏感的神经，排他性强，是处理人际关系中极为敏感的部分。

“赵媛媛,你今天中午去哪儿吃饭?”一个清脆的声音响起,正在QQ上跟客户谈话的赵媛媛吓了一跳,回头一看,穿着一身红的小叶已经贴到了她肩膀边。她心里沉甸甸的,甚至有些浑身不自在起来。虽然与小叶平时关系不错,但是这样的近距离,还是让赵媛媛有些喘不过气。她用胳膊肘顶了顶小叶,转头说:“随你好了。”“你说吃炒粉还是炒菜?咱们今天换一家餐厅吧!”小叶还在滔滔不绝,而赵媛媛却越来越不自在了。

办公室里,只有那一小格工位是属于自己的,虽然外人可一目了然,但仍然有道隐形的界限在心里。所以,你最好与同事的电脑保持一定的距离,不要随便翻动别人工位上的东西。

小叶却并没有意识到这些,每次一来就站在赵媛媛的电脑前。虽然跟客户聊天并没有什么隐私可言,更没有什么见不得人的,但是有些业务问题和玩笑话,赵媛媛确实不想让别人看到。再退一步说,即使赵媛媛没有跟任何人聊天,她也不希望同事离自己的电脑太近。其实并不是赵媛媛戒备心太强,很多人都跟赵媛媛一样,十分讨厌同事毫无距离的窥探。

隐私或许是生命中最浪漫的一角,或许是生活中最伤痛的一角。可是偏偏就有一些好事者总喜欢探听别人的私事,有的自己知道了还不够,还要四处宣扬,这是一种极不道德的行为,严重的还会触犯法律。因此,同事之间尽量不要谈及私事,最好只谈工作,不涉及其他。办公室里,不要凡事都问,也不要谈论那些涉及同事隐私的问题。有些人是无事不问,他们最喜欢探问别人的私事及秘密新闻。这些人有时是为了增加谈资,有时仅仅是为满足好奇心,即使与自己无关的事,仍然喜欢追问到底。如今的白领,很多人到了一定的年龄还没有结婚。没有结婚的适龄男女,经常会被同事尤其是年龄稍长一些的同事问道,“你怎么还不结婚?”“什么时候请喝喜酒啊?”其实结没结婚完全是个人问题,再好的同事也不必表现出“极度关心”的样子。还有一些好事者,还会偷偷去打听“他条件也不错,怎么还不结婚?是不是有什么问题?”这种问题很容易伤及他人的自尊，被当事人知道了肯定会影响同事关系。像这种不该问的问题还有很多。

比如女性的年龄和婚姻。女人最忌讳别人问她的年龄，在西方，问女性的年龄被视为不尊重女性、不懂礼貌的表现。每个人都有一种维护自己内心秘密的本能，遇到别人不得体的询问，就可能产生逆反心理。当得知别人在探听自己的私事时，一般人会反感甚至大动肝火。探听他人私事会使自己变得浅薄庸俗。试想，一个喋喋不休好探问别人私事的人，怎么可能获得真正的朋友。同事之间，有很多话题是不适宜谈论的。比如，你哪年出生的？你这个月发了多少工资？你为什么还不结婚？你是不是在外面有份兼职？在你打算问同事某个问题的时候，你最好先在脑中过一遍，看这个问题是否会涉及对方的个人隐私，如果不涉及，尽可以问，如果涉及了，要尽可能地避免。这样对方不仅会乐意接受你，还会因你得体的问话而对你产生好感，为继续交往打下良好的基础。

冯晓月是一个神秘的人。在公司，冯晓月没有关系特别近的同事，跟大家的关系也并非紧张。只要是工作上的事情，冯晓月都是侃侃而谈，表情丰富。而到了午餐时间或在班车上，冯晓月就变成了沉默寡言的人。其他同事都在津津有味地谈论老公、孩子、朋友、聚会，冯晓月却只做局外人，从不参与进来。在公司两年多，很多同事的祖宗八代成了大家的讨论话题，而冯晓月的家庭在同事眼中却一直保持着神秘，同事甚至连她家所在的位置都不清楚。冯晓月一直将自己的圈子分得非常清楚：私人朋友、同事、亲友、客户。在不同的人面前，她会说不同的话，扮演不同的角色。冯晓月认为，跟同事聊多了私事，好的人家会以为你是在炫耀，不好的人家说不定会嘲笑，时间久了还会影响工作，所以她从不跟同事说自己的私事，也从来不探听同事们的私事。这让她从不陷入人际间的是非之中，能够轻松地工作。

人与人之间的关系很复杂也很敏感，特别是在办公室这种场合，几个人在一起就闲聊起来。有时说到某个人时，还会扯出一大串人家的私事。在这种时候，很多把持不住的人，就会附和着说起某人的私人问题来，不仅浪费了宝贵的时间，有时候还会因为这种交谈被一些人添油加醋地传到那个同事的耳朵里，让彼此的关系蒙上一层阴影。也许有的人并无恶意，只是为了满足个人的好奇心而喜欢对同事刨根问底。实际上，办公室里有些问题是不宜刨根问底的。比方说，你问对方住在哪里，若对方回答说"在北五环"或"东四"，那你就不宜再问下去了。如果对方愿意让你知道，他一定会主动地说出具体位置，而且还会加上"有空过去玩吧"之类的话。此外，在问其他类似问题时，你也要注意掌握问话尺度，要懂得适可而止。

5. 保持距离，轻松应对他人的排挤

"距离产生美"这个道理，相信大家都知道。我们和周围的人出现矛盾的时候，不妨退一步，和对方保持一定的距离，隔一段距离去看对方，说不定会起到意想不到的效果。我们每一个人都是有秘密和隐私的，和别人交往的时候，也不要忘记给对方留够空间，不要让自己没有隐私，也不要轻易去打探对方的隐私。如果我们越过这条线的话，就很可能为以后的人际关系埋下祸根。

美国精神分析医师布列克曾对同事间的交往打过一个精彩的比喻：两只刺猬在寒冷的季节互相接近以便取得温暖，可是过于接近彼此会刺痛对方，离得太远又无法达到取暖的目的，因此它们总是保持着若即若离的距离，既不会刺痛对方，又可以相互取暖。这种刺猬式交往形象地说明了同事之间应该保持着若即若离的距离，不要过于亲密。这一著名的"刺猬理论"成为职场很多人交往的准则。但是在很多时候人们却逐渐地忘记或者忽略这一准则，直到有一天吃了亏，后悔莫及了才想起来。因此与人交往也要保持适当的距离，这样才能产生美感，交往中要注意：距离不可太远，也不可太近。

小赵和小冯虽然家境不同，两个人却成为了知己。他们是大学同学，在学校时只是一般朋友，进了同一家公司后，又住在同一间公寓，才渐渐成为知己。因为读大学，家里为小冯借了许多债，他就悄悄找了一份兼职，帮一家小公司管理财务。小赵发现小冯下班后也忙得不可开交，一问，小冯就把自己做兼职的事情告诉了小赵。

公司每年都会选派一名优秀员工到一家著名的商学院培训。根据选派条件，条件最好的小赵和小冯都被列进了候选人名单。小赵对小冯说："要是我俩都能去该多好啊。"小冯说："但愿如此。"

结果小赵脱颖而出，成为公司那年唯一选派的培训员工。小冯很失落，他非常想获得这次培训的机会，于是找老板，请求也参加这次培训。

老板看了小冯一会儿，冷笑着说："你太忙了。就免了吧。"

小冯急忙说："我手头上的项目，我会尽快完成的。"

老板沉下脸来说："那家小公司怎么办，谁给管理财务。"

小冯立即愣住了，他一时搞不明白老板怎么知道他兼职的事。他本能地辩解说："我兼职是有原因的，这并没有影响我在公司的工作……"

老板打断小冯的话说，"好了，你忙你的去吧，我还有事。"接着冲小冯摆摆手。小冯只好灰溜溜地离开。

"你太忙了"——小冯没想到这句话会成为阻止他培训的理由。老板怎么知道他兼职的事情呢，这件事那家小公司是绝对保密的，他也只告诉过小赵一个人。小冯越想越心酸，他没想到知己会出卖自己！

"距离产生美"。不近，让人感觉生疏，太近了，缺乏安全感，真正的善于结缘就是会与人保持适当的距离，这样会使彼此之间相处得更为融洽，把握好这个"距离"的度，是门学问，也是一种技能，需要用心地体味和修炼。因此，我们与别人相处的时候，一定要记得“距离效应”。

乔娜是一家软件公司刚上任的市场部主任。公司经理引领她来到一间宽敞的办公室，对着一屋子同事宣布乔娜正式走马上任，并指着一位四十多岁的女士说：“这是你的助理埃米，有什么不清楚的，请她告诉你。”

公司经理离开了办公室，埃米旋即开口：“抱歉，我今天有很多事要做，所以没有太多时间和你好好聊聊！”说完话，埃米一头埋进工作，一整天没跟乔娜说一句话。

乔娜发现，除了埃米外，办公室里的其他三个同事也对她横眉冷对，商洽工作时爱答不理，那副做派，仿佛乔娜不是他们的上司，而是给他们打杂的。

乔娜不由得去摸一摸这股不明敌意的底细，原来，这几位同事都为公司效劳了两年以上，每个人都以为市场部主任的职位能落到自己头上，没料到这个肥缺让乔娜占了。

乔娜明白，几位同事的刁难并不是冲着自己，而是对公司的人事决策不满，于是，在办公室里持之以恒地发送着自己的友善，经过几次以德报怨的交锋，大家都为乔娜的温和善良折服，满心欢喜地接受了这个年轻的上司。

职场是一个小社会，不像学校或家庭那么单纯，有了职位的区别，等级的存在，就会有排挤的存在。因此，常常出现孤立某同事、排挤某同事的情况，也是不足为奇的。如果有一天，你发现你的同事突然一改常态，不再对你友好，事事抱着不合作的态度，处处给你设难题刁难你，出你的丑，看你的笑话，你就得当心了，这些信息向你传递了一个危险信号：同事在排挤你。

有些人见到同事排斥自己，就采取以牙还牙的反排斥手法：或指责人家吃不到葡萄说葡萄酸，或干脆不理睬同事，拒同事于千里之外……凡此种种，都是不明智的。它只能进一步激化矛盾，置自己于孤立无援的境地。要仔细分析自己遭同事排斥的原因，即使断定他们完全是嫉妒性的排斥，也不要气急败坏，要让同事有一个认可和接纳的过程。要相信：随着时间的流逝，只要自己确实有真本事，有良好的品格，同事一定会愉快地接纳自己的。在同事排斥时，你可能会感到委屈，这是正常的。但你应该把它埋藏在肚子里，不要专门去解释，有些事情是越解释越糊涂，越解释越可能走向反面。

因此，当你受排挤的时候要镇定，继续有条不紊地做自己的事。同时，主动向排挤你的人做积极友好的表示。他收到这种信号一定有些措手不及，会消除对你的敌意。而且，你要注意做事的分寸，在必要的时候保护和捍卫自己的利益。面对排挤，你可以忍耐，但必须有自己的底线。一味忍耐的结果，就是让你成为办公室的受气包和可怜虫。

其实，在工作中，一个人才华出众又踏实肯干，得到上司的赏识是很自然的，那为什么会遭到同事的排斥呢？这时候，嫉妒是一个很容易想到的词。准确地说，有可能是嫉妒，但作为当事人，不要仅仅认为只是嫉妒，而是要冷静检视自己，反省自己的言行。

这时候，你最重要的工作就是问一下自己为什么受排挤？如果你遭受到了其他同事的排挤，必须要查找原因，然后“对症下药”。你可以从以下几点中找一下，是不是在你身上发生过。

(1)言辞过激令同事反感

如果属于这种情况，你必须认真反省，检讨自己。要想使同事改变对你的看法，就要改善自己。和同事讲话须亲近些，温和些，不要乱发言论。

要正确看待自己的才华，不要趾高气扬，颐指气使。要清楚地认识到，你有你的才华，他有他的本领。即使你确实比别人有本事，也不要把本事当作骄傲的本钱。有些人之所以遭到同事的排斥，就是因为尾巴翘得太高，根本不把同事放在眼里；有些人则是思想观念有问题，以为现在只要上司看中就行了；有的人自己是下属，却视同事为贱民，这都是错误的。

(2)与上司走得过近

如果属于这种情况，那就有些不幸了。你只有等待机会向同事们表明自己的心迹：你与上司并没有特殊关系，主要是喜欢这份工作才应聘的，我就是我，与上司除了工作别无干系。同事们了解了你不是上司派来的探子自然就不会不理你的。

作为下属，不要过分地去亲近上司。因为过于亲近，过分感激，很容易让人误认为你是因奉承而得到赏识的。自己有才华,并在努力为公司服务,得到上司的赏识是完全应该的。只有这种心态才是正确的,也只有这种心态才能获得同事的赞赏。

(3)升级招来妒忌

如果属于这种情况,就不必太着急了。这是一种很自然的事。这就要你讲求方式,对同事的态度表现得和蔼一些、亲切一些。久而久之,大家还会乐于和你交往的。

6.

经得起诱惑,还要耐得住寂寞

在职场上,我们最怕的是孤独,最难耐的是寂寞,最不能抵挡的是诱惑,最不易坚定的是内心。职场上无数的事例和自己的切身经验已经从正反两方面证实了这样的判断:因为难以忍受寂寞,所以害怕孤独,所以才容易被事物诱惑、动摇内心的信念;因为对寂寞更有忍耐力,对诱惑更有免疫力,所以能对抗孤独、抵挡诱惑、坚定自我。其实,当我们长时间待在一个岗位上时,寂寞往往会成为生活的常态,这时,外界一点小小的诱惑,也会让我们心动不已,稍不留意,就会在诱惑中迷失自己。

王云热情、积极,谦虚好学,乐于向领导和同事求教。他做事踏实认真,常因想把事情做得更好而自行留下来加班,还经常好心地帮同事们处理一些小事。上次办公室的其他同事因为分不开身领福利品,就是王云一个人全部搬回来的。和他一起入职的胡伟,聪敏、富于创造性,对很多事情都有自己的见解,但是话不多,也不愿意麻烦领导和同事,很多困难都能自行“消化”。三年中,王云和胡伟都兢兢业业,为工作付出了很多。他们都这样认为：多付出一些，机会就会离自己近一些。然而事与愿违，新下发的提职聘用文件中并没有他们的名字，反倒是出现了几个陌生的名字——这些人都是从外面空降过来的。失落在所难免，两人的心理也都发生了微妙的变化。王云认为自己没有被提拔，是自己还不够努力，工作做得不够细致，业务能力仍需进一步提高，他坚信再努一把力，再坚持坚持，一定会有所斩获。于是他重拾信心，一如既往地做事、学习，甚至比原来更用心更用力。胡伟的想法却与王云不同。他也认真了反省自身的不足，在加强业务学习的同时，还为了改进自己不喜言谈的缺点而主动尝试与同事们交流，但分外的任何事情就不再用心去做了。因为他已经对公司失望了，他所做的这一切，仅仅是为了修炼自己，等待时机另谋出路。

两年过去了，王云和胡伟在业务上都取得了优异的成绩，为公司做出了重大贡献。照理说，他们俩该被提拔了，周围的同事们都让他们存够银子，准备请客庆贺。可仍没有领导向他俩谈及提职的事情。王云和胡伟的心里仿佛长了草一般。“云子，你说咱俩都干成这样了，怎么就没人赏识呢？真是憋屈。”胡伟哀叹道。“咱真是没希望了！”“别这么消极，”王云拍着胡伟的肩膀说：“我想咱们还是有机会的，可能时候还没到吧，再坚持坚持。”王云一如往常地努力着。胡伟却将跳槽提上了日程，在不到两个月的时间里，找到了一家不错的企业，毅然决然地递上了辞职信。就在胡伟走后一个月，王云升职了。其实胡伟也在提拔之列，只是他没耐住性子等到这一天。

进了新公司后，凭着出色的业务能力和原来积累的资源，胡伟的业绩不俗。但他却变得越来越焦躁，只要有点成绩，就认为自己比任何人都有升职的资本，理应受到重用，得到提拔。只要时间稍微长点，而事业又没有任何进展的话，他就立即选择跳槽。十年如一日。胡伟仍然是一名业务员，而王云已经当上了公司副总。

职场中像胡伟这样的有为青年很多，他们勤学肯干，能力强，在公司也都能独当一面。但是却总是郁郁不得志,为什么会这样呢?答案很简单,他们缺的不是才干,而是耐得住寂寞的坚持。在这个物欲横流的社会中,利益诱惑布满在人生的路上。特别是在职场上,只要你能忍受寂寞,舍弃各种各样的诱惑,工作不但会给你带来丰厚的物质回报,还能帮你实现梦想,成为优秀的职场成功人士。

曾子墨这位漂亮而睿智的财经女主播,现在是中国香港凤凰卫视新崛起的当家花旦。有人称凤凰的女主播在经历了吴小莉、陈鲁豫时代之后,现在已经进入"曾子墨时代"了。应该说,作为一个职场人士,曾子墨的职业生涯还是很成功的。

曾子墨生于北京,1991 年保送进入中国人民大学,学习国际金融。一年后赴美留学,就读于常春藤盟校之一的达特茅斯大学,主修经济,并于 1996 年获学士学位。同年加入摩根斯坦利纽约总部,担任分析员,从事美国及跨国的收购兼并工作。1998 年回到香港,加入摩根斯坦利亚洲分公司,一年后升任经理。2001 年底加入凤凰卫视担任财经节目主持人,目前主持的栏目包括《财经点对点》《财经今日谈》和《凤凰正点播报》。

曾子墨一直心仪的工作就是媒体工作,做一名女主播,是她多年的梦想。在加盟凤凰时,她说:"我不太喜欢念别人的稿子,而是比较喜欢做专题和访谈节目,因为这样可以体现自己的思想。我很感激凤凰卫视给了我一个充分发挥创造力和才能的机会,让我亲手打造自己的节目《财经点对点》。凤凰从来不会扼杀人的天性,而是让你按照自己的特色来做发挥,找出最适合你的做节目的方式。这是凤凰最好的地方。"

财经专业的背景再加上坚持不懈的努力,子墨和她的《财经点对点》赢得了无数挑剔的高级白领和财经人士的青睐。

虽说有着十分华丽的背景经历和正如日上升的名气,但她在谈到自己正蒸蒸日上的工作时,笑着说道:"我喜欢自己的职业,同时还有一种责任感,我刚进入凤凰卫视的时候,因为随着中国经济的发展,财经的受关注程度提高了,我希望可以通过自己的视角去观察它,做一些思考。财经的话题可能沉重了些,会给人很严肃的感觉，但是做财经节目一定要耐得住寂寞。”

在提到自己工作中的快乐和痛苦时，她说道：“女主播的工作看似光鲜、耀眼，也很辛苦。让我感到最痛苦的就是要化妆，现在做《财经点对点》还好一些，在香港做节目的时候每天带妆8个小时。我从前是不化妆的，用了化妆品以后脸上过敏，越过敏妆就得越浓越厚，我觉得我至今都接受不了，这是最痛苦的。但我觉得，一个人不管做什么，所有的辛苦、努力和付出都是为了有一个特别快乐和平和的心态，这是最重要的。”

现在，她做财经节目已经有十几年了，这份工作不但没有让她厌倦，反而让她越来越有兴致。虽然在这十多年中，自然会有更好的公司，向年轻貌美又有才能的曾子墨发出过邀请，她都婉拒了。因为她明白，外界的诱惑层出不穷，只要忍受住工作的寂寞，才能让自己成就梦想。

平淡犹如一枚青橄榄，初尝时，似乎没有什么滋味，细细咀嚼，却回味悠长。

曾子墨热爱自己的工作，是由于能忍受住工作的寂寞，当那段寂寞期过去后，她才发现，这份工作的乐趣和价值，远非金钱所能够买到的。他爱自己的工作，是寂寞过后心灵的升华。当工作不再单调时，她才能战胜外界的各种诱惑，才让自己始终坚持在自己的工作岗位上，实现了自己的人生梦想。

“诱惑”与“寂寞”就是我们心中最大的两个敌人。一方面，现在的社会科技发达、物质丰富，我们心中的欲望常被挑逗得像是看见红色斗篷的斗牛。他人暴富的经历，更让我们血脉贲张、跃跃欲试；时尚名牌漫天飞；美女香车招摇过，心早已蠢蠢欲动；更不能忍受别墅洋房的诱惑……于是，我们心中就充满了矛盾、忧愁、不安，心灵也承受了很大的压力。在这样的情况下，不少人由于对没接触过的事物产生强烈的好奇心，结果就发生了“好奇害死猫”的悲剧。其实，轻易向诱惑投降，当了诱惑的俘虏。面对着社会大潮中的各种诱惑，一旦染上，都是生命不能承受之重。另一方面，如今的生活方式越来越多样，沟通方式也越来越先进，我们喜欢热闹，不喜欢一个人独处。在已经去世的歌手阿桑的疗伤歌曲《叶子》里，有这样一句歌词:“孤单是一个人的狂欢,狂欢是一群人的孤单。”很多人以“夜夜笙歌,只因寂寞”的借口,选择在灯红酒绿中买醉,在嘈杂的音响中寻求刺激,在网络的幻想世界中抒写快感。我们把时间花在这些无意义的事上,然后让心灵一点点荒芜,长满野草,因为我们害怕寂寞。诱惑是外扰,寂寞是内忧;诱惑考验定力,寂寞考察心境。能在诱惑面前不动声色的人,是难得的高手;能在寂寞面前坚定前行的人,是真正的英雄。可见,要战胜这两个“敌人”的确不容易。很多人正是因为耐不住寂寞,将自己推到了危险的路上,让自己失去了更多的成功机会。

第九章

把精力放在工作上，全力以赴做好工作

全力以赴才能把工作做到最好。一个人要成功，要实现自己的人生价值，就一定要把事情做到最好。人不能改变过去，但可以改变现在；人不能改变别人，但可以改变自己；人不能改变环境，但可以改变态度。把精力放在工作上就是一种对工作全力以赴、务求完美的态度。

1.

全神贯注，干一行爱一行

干一行爱一行是一种优秀的职业品质，是每一位员工都应遵从的基本价值观。一个人无论从事何种职业，都应该热爱自己的工作，对工作尽心尽责、全力以赴。这不仅是应遵循的职业原则，也是人生的信条。试想，一个人连自己的工作都不热爱，又怎么能做好自己的工作呢？

然而，今天谈论干一行爱一行仿佛有些奢侈，不少人是爱一行才干一行，无论是干一行爱一行还是爱一行干一行，其核心都有一个字——"干"。换言之，都应该干好本职工作。如果你是农民，种好地是本职工作；如果你是工人，务好工是本职工作；如果你是商人，合法经营、诚信发展是本职工作。岗位再平凡，只要努力做好，就能使岗位不平凡，近年来涌现的一大批平凡英雄不正是如此吗？从水电维修工徐虎，到公交车售票员李素丽，再到鞍钢工人郭明义……要是说他们做了多么惊天动地的壮举，倒也没有，他们更没有可歌可泣的伟业，他们只是热爱自己的工作，把精力放在工作上，于是他们被人仰望、受人尊敬。

陈晓阳是上虞市新和成生物化工有限公司一名车间班组长。这位来自江西丰城的新上虞人说一直非常喜欢英国前首相丘吉尔说过的一句话："不能爱哪行才干哪行，要干哪行爱哪行"。陈晓阳把这句话当作工作的座右铭，在上虞杭州湾工业园区这片热土上，在新和成这个大花园里，精心浇灌，努力耕耘，默默奉献着他的工作激情，实现着个人执著的追求。

2008 年年初，新和成生物化工有限公司又一条维生素生产工艺线正式落户杭州湾畔。毕业于浙江工业大学化学工程专业，在新和成已有十年工作经验的陈晓阳，从新昌基地调到上虞，参与这项名叫520项目的技术建设，并担任520车间班长。时间就是效益，在工程建设动员大会上，陈晓阳一拍胸部，立下军令状："我一定保质保量地完成工程进度，保证让企业按时开车，否则我主动辞掉这个班长。"

为了这个承诺，他每天早出晚归工作，协调督促施工安装进度，帮助抓好施工质量安全，热情培训新员工。2009年5月，520项目进入工程扫尾的冲刺阶段，有知情的同事说，那段时间，陈晓阳经常在熄灯后打开电灯，在本子上写着工作内容。6月，项目顺利通过省安全"三同时"验收，但陈晓阳却比过去瘦了许多。

2009年7月12日，这对新和成生物化工有限公司员工来说，这是一个令人激动的日子，因为经过大半年的努力，终于迎来项目投料投产的日子。然而不巧的是，就在这时，陈晓阳的妻子给他打来电话，哭泣着说他们3岁的儿子已经病了两天，现正躺在医院高烧不止，让陈晓阳赶紧回家。尽管陈晓阳已差不多连续2个多月没有回家了，但他还是一咬牙对妻子说："你辛苦一下，这里离不开我啊！"

公司总经理得知此事后，非常感动，组织人员连拖带拽把陈晓阳送到医院。第二天一早，同事们发现，陈晓阳又早早出现在了车间。车间试生产两周过去了，但生产工艺仍未全线打通，面对出现的异常状况，陈晓阳非常焦急，他将车间当成了家，与一些专家、教授一起全力攻关，有时饿了就泡一包"康师傅"充饥。2009年9月，企业成功生产出第一个合格产品。

工作以来，陈晓阳参与了新和成维生素E绿色生产工艺及产业化项目建设，该项目曾荣获2010年国家科学技术进步二等奖；今年他提出一个金点子，有效改善了无泄漏取样方式，每年产生经济效益高达600万元。

只有干一行爱一行，真正沉下心去，才能做出成绩。社会上许多知名的企业家和优秀的职场精英,他们也许没有上过大学,却作出了巨大的贡献,甚至取得了超出常人的成就。原因何在?就在于他们在工作中干一行,爱一行。对他们来说,工作岗位就是大学,岗位正是自己获得不断进步和提高的支点。

对于员工来说,岗位就是一所大学。因为在学校学习的多为理论性知识,缺乏实践的指导性,参加了工作才知道一切还需从零开始,每一个岗位都是学习的良好机会。假若你学有所成,并在自己的工作中表现出来,你必然会受到企业的注意和重用。所以,我们要干一行,爱一行。

陈刚毅是湖北省交通规划设计院高级工程师。1986 年从湖北交通学校毕业后,分配到设计院工作。20 年来,他一直战斗在交通重点工程建设第一线,以强烈的事业心和高度的责任感投身到交通建设,先后参加了武黄、宜黄、黄黄、京珠等高速公路的建设。在各项工程建设实践中,他始终坚持勤耕不辍地学习,刻苦钻研技术,逐步成长为设计院的青年技术骨干,成为一名懂设计、会施工、善管理的复合型人才。陈刚毅于 2001 年开始,多次技术援藏。2001 年,担任湖北省援藏项目山南地区湖北大道市政工程建设总工程师兼工程技术部主任。陈刚毅在工作中坚持原则,秉公办事,严把技术关和质量关,把湖北大道项目建成了精品工程、示范工程和标志性工程,创造了西藏城市道路建设史上路面最宽、建设周期最短、设计标准最高等十个第一,受到自治区和山南地区的高度评价。2002 年该项目被评为全国公路建设优质工程。2003 年 4 月,受交通厅党组委派,陈刚毅担任交通部重点援藏项目,西藏昌都地区国道 214 线角笼坝大桥项目法人代表。他带领项目组克服恶劣自然环境和工作、生活上的诸多困难,艰苦创业,精心管理,大胆创新,狠抓质量。期间身患癌症,但仍心系工作,以对党和人民高度负责的精神,把全部的智慧、心血和汗水都倾注到交通事业上,以顽强的意志与病魔抗争,呕心沥血,忘我工作,在手术后 7 次化疗期间,4 次进藏,献身岗位,为确保工程建设安全、优质、高效进行,并顺利实现提前建成通车,作出了突出贡献。

陈刚毅用干一行，爱一行的精神工作，被誉为“新时期援藏交通工程技术人员的楷模”。在工作中，每一位员工都要干一行，爱一行。这实质上就是一种对事业高度负责的精神，它不仅是工作作风的内在要求，更是精神品格和人格魅力的外在表现。只有个人责任心强了，企业的战斗力和竞争力才能够得到有效提升。

干一行，爱一行，就干出个名堂；干一行，爱一行，我们也能实现梦想！每一行都有其苦与乐，除非你实在厌恶了某个行业，否则最好不要轻易转行，因为这样会让你中断学习成长的机会。唯有全身心地投入其中，把精力放在工作上才是正确与明智的选择。遗憾的是，当前不少行业遭遇了危机，一大原因就是从业人员缺乏职业道德。比如有的大学老师不把心思放在教书育人上，经商成了其第一职业，教书反倒成了业余；再比如不少医生丧失职业道德，在两会上，全国人大代表、中国工程院院士钟南山公开批评一些医务人员“连基本的道德底线都没了”，并称“如今中国的医生差的不是技术，而是医德，是为患者服务的意识”。这些人其实就是缺乏“干一行爱一行”的职业精神。

2．精益求精，让自己成为行业专家

现在知识老化得很厉害，每10年甚至更短的时间内知识就要更新一遍。每个人都不能光靠过去所学的知识来工作，而要不断地学习。人的核心竞争力源于创新能力，而创新能力则来自于不断地学习。因而，学习能力是一个优秀员工必备的素质，也是一个员工让自己成为企业发展动力的有效途径。一个现在有能力的人，无论他是博士、硕士，还是高级工程师，如果不注重学习，也会落后，变成一个“能力平平”的人。而一个暂时能力不是很强的人,只要坚持学习,善于学习,就一定会成为一个能力出众的人。

2006年,两个年轻的大学生同时应聘到一家公司,一个是名牌大学毕业的高才生小王,另一个是普通大学毕业的小赵。因为他们都是刚刚参加工作,没有什么经验,所以,公司安排他们从基层干起。尽管他们担任的职位差不多,但起薪有所不同,高才生小王的工资自然要高一些。高才生小王在大学里储备了丰富的知识,对于自己的工作任务能轻松自如地应对。非常自信的他,甚至有点瞧不起小赵那些笨头笨脑的做法。颇有自知之明的小赵,知道自己的学历有点浅,知识面没有小王宽。为了缩小自己与小王的差距,小赵经常利用空闲时间努力学习。碰到不明白的地方,小赵有时不得不硬着头皮向自负的小王请教。

虚心好学的小赵,在工作上也经常向同事们请教,还时常征求领导的看法,以便在工作中能及时发现问题,纠正错误。通过旁人的指点,小赵在工作和学习中少走了许多弯路。

有一次,晚上10点了,老板正要离开办公室,看到小赵还在电脑旁忙碌,便催小赵下班。小赵告诉老板,自己觉得业务能力很一般,想对业务更精通些,便每天晚上在网站上查些学习资料,提高自己的业务水平。老板点了点头,给他推荐了两个不错的专业网站,就离开了公司。

由于小赵的不断努力,不知不觉中,小赵的工作能力便和小王旗鼓相当了。一年以后,这两个年轻人的工作能力又有了新的差距:小王和刚入公司相比并没有太大的提高,倒是小赵在原有的基础上,前进了一大步。公司交给的任务,小赵不仅完成得又快又好,还能在工作中提出很多完善管理、创造效益的好点子。他的业绩大大超过了小王,而且还被提升为部门主管,当然薪水也要高于小王。

成功是人生大理想和终极目标,人生的理想并非一蹴而就就能实现,它需要一辈子的努力才可获得。我们想要取得成功,不妨先问问自己,你对学习的欲望到底有多大?因为成功是成长的结果,成长唯一的途径是学习。当然了,不是所有读书人都一定会成功,但成功的人的确大脑中有着比别人更多的东西。

员工靠什么立足职场?靠工作能力。在竞争激烈的市场环境下,一个人能否在企业立足,靠的就是他的卓越能力,只有具备卓越能力的员工才能为企业创造出业绩,有了业绩你才能获得高薪水。正是由于这个原因,“花瓶式员工”只能停留在低薪岗位上,每月领取基本工资,高额的奖金和绩效工资与他们无缘。如果你不能在工作能力上下工夫,可能连基本工资都拿不到。

从一名普通飞行员到中国首位航天员,杨利伟跨越了常人难以想象的困难。

其一是知识关。杨利伟至今仍记得所在飞行部队师长为他送行时说的话,“利伟,到那儿好好干。别的我都不担心,你飞了10年,操作没问题,你遇到的最大挑战可能是基础理论和专业知识的学习。”果然如此,杨利伟后来回忆说:“我当时对师长这句话的认识还不深,因为根据这么多年的飞行经历,我以为只是训练会比飞行员更多一些。到了航天员训练中心后才发现,在基础理论上需要下很大的工夫。”要学的课程涉及三十多个学科、十几个门类,比在飞行学院学习要难上几倍、几十倍。“好多知识是以前从来没有接触过的,掌握这些知识对我来说非常困难。”杨利伟说。而一个对比的现象是:有些战友在这方面明显要高于他。那怎么办呢?他的方法很简单:废寝忘食,比别人付出更多的时间去钻研。刚刚成为宇航员的前两年,他晚上12点前没睡过觉。针对自己英语基础比较薄弱,为攻克英语关,他经常从航天员公寓往家里打电话,让妻子在电话中当英语陪练。这样一来,英语考试时,他居然得了100分。而基础理论学习结束时,杨利伟的成绩是全优。

其二是体能关。太空旅行对人的体能要求很高,尤其是耐力。杨利伟虽然爆发力不错,短跑还可以,但是耐力较差,长跑不行。杨利伟回忆说:“记得原来在飞行学校的时候,所有的体育项目考试都是优秀，唯独长跑需要'攻关'。而在航天员训练中，耐力训练是最基本的训练。为了把这一关攻下来，我就抓住各种机会练习长跑，结果导致骨膜炎，上厕所都不敢蹲下来。”就是这样，杨利伟依然坚持不懈，最后，他的长跑成绩也是“优”。

其三是航天环境适应关。这是航天员训练中最为艰苦的，是向人的极限能力挑战。超重耐力训练在离心机里进行。当离心机加速旋转时，人受到的负荷从1个G逐渐加大到8个G。杨利伟的面部肌肉开始变形下垂、肌肉下拉，整个脸只见高高突起的前额。做头盆方向超重时，他的血液被压向下肢，大脑缺血眩晕；做胸背方向超重时，他的前胸后背像压了块几百斤重的巨石，造成心跳加快，呼吸困难。这是对人意志的考验。在他的左手旁，有一个红色的按钮，是用来报警的。如果航天员在训练时，感到不行了，就可以揿按钮叫停。但是，在每次离心机训练时，他都以坚强的意志，忍受着平常人难以想象的煎熬，从未碰过这个按钮。当然，杨利伟在训练中并不蛮干。他爱动脑筋，琢磨规律和方法，使一些极具挑战的严格训练逐渐变得轻松起来。如在飞船模拟器的训练中，为了取得最理想的学习成绩，杨利伟把能找到的舱内设备图和电门图都找来，贴在宿舍墙上，随时默记。他还用小型摄像机把座舱内部的设备和结构拍下来，输入电脑，刻制了一个光盘，业余时间有空就放来看。这一来，他一闭上眼睛，座舱里所有仪表、电门的位置都清清楚楚地印在脑中；随便说出舱里的一个设备名称，他马上可以想到它的颜色、位置、作用；操作手册他都能背诵下来，如果遇到特殊情况，他不看手册也完全能处理好。这是一般人难以达到的标准，一般人难以达到的效果！类似这样那样的困难还有很多很多，但杨利伟就是凭着这种敢于挑战困难、不断钻研的精神，在一批优秀的宇航员中脱颖而出，成为中国第一位宇航员！

未来的竞争是学习能力的竞争，学习能力远比其他能力更为重要。只有不断学习的人，才能在竞争激烈的社会中立于不败之地，才能更好地完成本职工作，为企业的发展贡献更大的力量！所以，不管你是从哪所著名的高等学府出来的,都要不断地学习。高速发展的现代社会,需要每个人不断地学习新生事物。对于新员工来说,他们更需要通过学习,尽快地适应企业文化,适应工作岗位的需要。要想保持在职场的竞争力,唯一的途径就是保持旺盛的学习能力,不断地充实与自己职业相关的专业知识,培养自己的专业能力,提升自己在此领域的不可替代性。

3. 全力以赴,把工作做到尽善尽美

把事情做到最好是一种对工作务求完美的态度。人不能改变过去,但可以改变现在;人不能改变别人,但可以改变自己;人不能改变环境,但可以改变态度。态度决定一切,没有一个正确的工作态度,工作肯定难以开展。你在工作中所抱的态度,使你的工作与周围人的工作区别开来。

一天,猎人带着猎狗去打猎。不久,猎人一枪打中一只兔子的后腿,兔子受伤后开始拼命地逃跑。猎狗在猎人的指示下也是飞奔而出,去追赶兔子。可是追着追着,兔子不见了,猎狗只好悻悻地回到猎人身边。

猎人开始骂猎狗了:“你真没用,连一只受伤的兔子都追不到。”

猎狗听了很不服气地回答:“我已经尽力去追了啊。”

受伤的兔子终于跑回洞里,它的兄弟们都围过来惊讶地问它:“那只猎狗平时很凶啊,你又受了伤,怎么跑得过它的?”

受伤的兔子回答道:“它是尽力追我,我是全力以赴的逃啊。它没追上我,最多挨一顿骂,而我若不全力以赴的话,我可就会没命了!”

人本来是有很多潜能的，但是我们往往会对自己或对别人找借口："管它呢，我们已尽力而为了。"事实上尽力而为是远远不够的，尤其是在这个竞争激烈的年代，每一个员工都要时常问问自己："我今天是尽力而为的猎狗，还是全力以赴的兔子？"无论你从事什么工作，都要全身心地投入，千万不要当一天和尚撞一天钟。工作松松散散的人，不论在什么领域，都不会取得真正的成功。要成功、要做出骄人的成绩，要成就事业、创造财富，就必须在工作中使出全部力量，尽最大努力把事情做好。

李骏是新中国培养的第一代汽车发动机博士。李骏攻读博士学位时，他的博士生导师是一汽总工程师陆孝宽，李骏的博士论文也是围绕一汽产品的技术改造进行的。1998年李骏完成博士学业，主动要求到一汽工作。一汽的技术中心虽然是国内汽车行业中的一流研究所，但发动机基础技术研究却很薄弱，如果基础研究跟不上应用技术的开发，那么失去的不仅是一汽产品的后劲，而将是中国汽车工业的未来。

于是，李骏义无反顾地选择了基础研究，一干就是10年。他到技术中心的第一件事就是建立发动机单缸机试验室。为了使试验室早日建成，他有时光着膀子和工人在燥热的工作现场连续工作十几个小时，经常被喷得满身机油。有人对他说："你是技术中心唯一的博士，用得着这么干吗？"李骏说："为了加快进度，只能这样干。"

有一年春节，大年三十的下午，其他办公室、试验室的人都回家了，李骏还在机器轰鸣的现场忙碌着。中心领导在巡视检查时看到满身油污的李骏，心疼地说："平时加班我不说你，今天可是过年啊！"李骏这时才想起妻子让他今天早回家的嘱咐。就是这样的工作激情下，经过一年多的艰苦努力，仅花了十几万元，李骏就建成了国内最先进的发动机单缸机试验室，节约资金100多万元。

1999年，李骏担起了奥威发动机项目研发技术总负责人的重任。在30个月的时间里，李骏争分夺秒地奔波于国内国外，既要负责项目的评审，又要掌握整个工程的节点。他经常说的两个字是抢、挤。抢就是要把汽车工业落后的时间抢回来，挤就是要把国外的好经验像挤牙膏一样挤出来。2003 年 12 月，具有中国自主知识产权、技术达到国际先进水平的 310 马力柴油机奥威 6DL 在锡柴正式投产。

有人说，李骏工作起来像个不知疲倦的发动机，甚至是永动机。技术中心党委领导称他是“在燃烧生命”；从事医务工作的妻子说他是“在透支生命”。但他依然精力充沛，这让与他一起工作的人非常佩服。

爱默生说：“一个人，当他全身心地投入到自己的工作之中，并取得成绩时，他将是快乐而放松的。但是，如果情况相反的话，他的生活则平凡无奇，且有可能不得安宁。”把工作当成自己的事业，全身心地投入其中，这是真实的人生，同时也是成功的人生。李骏的人生就是这样。而其全力以赴、做到最好的工作态度更值得我们学习。

4. 重视业绩，让工作有个好结果

结果是企业的生命之源泉，没有结果，企业难以生存。在企业，人们每天都在用结果来交换自己的报酬，也在用结果来证明自己的能力。事实上，只要你能创造结果，不管什么企业你都能得到老板的器重，都能获得晋升的机会。因此，把精力放在工作上就要不断地提升业绩，创造结果。

大学毕业的李进到一家大型公司上班，开始其销售生涯。因为大学学的是管理专业，李进并不把别人放在眼里。他认为自比管仲、乐毅、诸葛亮再生。闲暇之余，李进总会用高谈阔论来指点同事。同事们听到最多的就是，“你们这种做法太落后了，必须彻底改变”。当同事向他请教解决的问题时，他就像赵括一样纸上谈兵，说得头头是道。说完后，李进还不忘摇着头对同事补上一句：“唉，你们真不行”。

一年后，李进仍然做着他的销售工作，每月依然拿着800元的工资，加上饭补和偶尔撞上门的小订单，最多也没超过3000元。而和他同时进入公司的销售员，有的被提拔成区域代理，有的被提拔为部门经理，即使和他一起奋斗在销售一线的其他员工的工资也超过万元。

李进认为自己的管理才华，不能就这样埋没，于是向人力资源部提交申请，要求调到策划部。当人力资源部没有批准他的申请时，李进很不服气，气冲冲地来到经理办公室进行理论：“为什么我这么有才华的人，不能去策划部？”经理一脸平静地答复：“就凭你给我们的结果，你的销售业绩还不如新入职的员工。”数天后，这名夸夸其谈的李进被老板“请”走了。

事实胜于雄辩。谁行，谁不行？结果一目了然。结果才是最重要的，世人看重的是你做出的成绩，你做出的结果。做任何一件事情，无论你付出多少辛劳，无论过程多么完美，如果没有一个好结果，那就是失败。在市场经济的新时代，做任何事情都应该有一个好的结果。不仅要做事，更要做成事。不仅要有苦劳，更要有功劳 没有结果，拼命、苦劳、加班都白费。注重结果才能获得功劳。

老张是某广告公司的部门主管。由于金融危机的影响，他所在的公司被迫裁员，老板要求老张在主管的部门里裁掉两个人。老张的部门里一共有8个人，该裁谁呢？这让老张有点犯难。除了他以外，剩下的7个人中有4个老员工，他们曾经为公司立下很大的功劳，裁掉他们显然不好。那剩下3个来公司时间不长的人，该留下哪一个呢？

老张这时仔细地分析了剩下的3个人，其中有两个虽然资历不是很深,但是很会做人做事,平时工作做得不错,和同事们的关系也处得很好。而另一个性格有些沉闷,不喜欢说话,总让人觉得他有些处于团队之外的意思。

“那还犯什么愁,把那个人辞退了不就行了吗?”他所在公司的另一位主管对他说。可是老张摇摇头,说:“不,最后我把那两个活泼的员工辞退了。”

“这是为什么啊?”那个主管不解地问。“人无完人,谁都会有缺点,缺点也是可以改正的,但一个人的能力,尤其是核心能力却无法替代。那名性格闷、不喜欢说话的员工虽然性格上有些缺陷,但是论工作能力,他远在其他 6 个员工之上,他每个月为公司创造的业绩也远在其他 6 个人之上。”

能带来结果的员工是公司最宝贵的财产。一个员工的核心竞争力可以抵消你的某些缺点,为你赢得立足之地和发展空间。比尔,盖茨曾说:“能为公司创造结果的人,才是公司最需要的人。”公司不是慈善机构,它不会允许那些不能为公司创造结果的人待在公司里。老板总是希望自己的员工能创造出结果,而绝不希望看到员工工作卖力却成效甚微。

几年前,小张在一家建筑材料公司当业务员。当时公司最大的问题是如何讨账。产品不错,销路也不错,但产品销出去后,总是无法及时收到款。有一位客户,买了公司 10 万元产品,但总是以各种理由迟迟不肯付款,公司派了三批人去讨账,都没能拿到货款。当时小张刚到公司上班不久,就和另外一位员工一起,被派去讨账。他们软磨硬泡,想尽了办法。最后,客户终于同意给钱,叫他们过两天来拿。

两天后他们赶去,对方给了一张 10 万元的现金支票。他们高高兴兴地拿着支票到银行取钱,结果却被告知,账上只有 99920 元。很明显,对方又耍了个花招,给他们的是一张无法兑现的支票。第二天就要放春节假了,如果不及时拿到钱,不知又要拖延多久。

遇到这种情况,一般人可能一筹莫展了。但是小张突然灵机一动，于是拿出自己的100元钱，让同去的同事存到客户公司的账户里去。这一来，账户里就有了10万元。他立即将支票兑了现。

当他带着这10万元回到公司时，董事长对他大加赞赏。之后，他在公司的职位不断高升，5年之后他当上了公司的副总经理，后来又当上了总经理。

类似于小张所遇到的困难，职场中每天都在上演，只是有的人充满自信地去行动，有的人却是知难而退。职场之中，很多人虽然颇有才学，具备种种获得老板赏识的能力，但是却有个致命弱点：缺乏挑战的勇气，只愿做职场中谨小慎微的“安全专家”。对不时出现的那些异常困难的工作，不敢主动发起“进攻”，能躲就躲。结果，终其一生，也只能从事一些平庸的工作。

在一个企业中，考核员工的标准只有一个，那就是你的工作结果、你的业绩。唯有业绩才能体现一个员工的价值。对于一名领导者和一个企业来说，业绩同样是他们的生命，没有业绩，其他一切都没有说服力。老板安排你做一项工作，实际上是想要你提供这个工作的结果，达到这个工作的要求。但是很多人却陷入了一个心理陷阱：只要做事了，尽力了，就算是有业绩，至于是不是达到了公司想要的结果，那就不是自己所能控制的了。这是对自己工作认识上的一个误区。要知道，老板都很关注结果，自己既然领了薪水，就应当为老板提供相应的价值。只有抱着这样的心态去理解自己的工作，才能解决好工作上的问题，完成自己的工作使命。

5. 严格执行，把任务落到实处

现代组织的最大问题就是没有执行力。无论多么宏伟的蓝图，多么正确的决策，多少严谨的计划，如果没有高效地执行，最终的结果都是纸上谈兵。行百里者半九十，执行的关键往往在最后的10%。十里不走，目标就不能达到，任务就不算完成。最后的10%如果执行不到位，前面就是白执行，甚至比不执行更糟糕。因此，执行的关键就在于落实到位。我们所取得的每一项成绩，都是狠抓落实的结果；所存在的不足，正是抓而不实的后果。没有落实，再好的文件也是一纸空文；没有落实，再理想的目标也不会实现；没有落实，再正确的政策也不会发挥其应有的作用。

有这样一个寓言故事：耶稣带着他的门徒彼得远行。途中，他们发现了一块破烂的马蹄铁。耶稣让彼得把这块马蹄铁捡起来，但彼得懒得弯腰，假装没有听见。耶稣自己弯腰捡起了马蹄铁，用它在铁匠那儿换来3文钱，并用这些钱买了18颗樱桃。出了城，师徒二人继续前行。他们经过的是茫茫荒野，土地干涸。耶稣猜到彼得渴得厉害，就把藏在袖子里的樱桃悄悄地掉出一颗。彼得一见樱桃，赶紧捡起来把它吃掉。

耶稣边走边"掉"樱桃，彼得也就只得费力地弯了18次腰。耶稣笑着对彼得说："如果一开始你能按我要求的做，你只要开始时弯一次腰就行了，就不会在后来没完没了地弯腰了。"彼得因为没有按照耶稣的要求去做，所以给自己带来了很大的麻烦，不得不弯腰18次。如果他一开始就能"落实"耶稣的指示，他只要弯下一次腰就行了。

事实证明：如果不能有效地落实，就不可能顺利地吃上"樱桃"，甚至吃不上"樱桃"。只有抓好落实，才能把科学决策变成实践，才能把任务变成行动，才能把美好蓝图变成现实。落实是一种有效的执行力。抓落实是工作的基本执行环节，也是任何组织成员的一项重要职责。只要将"落实，落实，再落实"的工作作风落到实处，才能干好工作。

有一次，希望集团总裁刘永行去一家韩国面粉公司参观。然而就是这次普通的参观，带给他很大的刺激，他回国后好几个晚上都难以入眠。这家面粉厂属于西杰集团，每天处理小麦的能力是1500吨,却只有66名雇员。一个只有几十名员工的小厂,其工作效率之高令刘永行惊叹不已。在国内,相同规模的公司一般日生产能力只有几百吨,而员工人数却高达上百人。250吨日处理能力的工厂也有七八十名员工,日生产能力却仅有韩国工厂的1/6。

为了弄清楚其中的奥秘,刘永行与这家工厂的管理层进行了深入的交谈,了解到他们也在中国投资办过厂。当时的日处理能力为250吨,员工人数却高达155人。同样的投资人,设在中国的工厂与韩国本土生产效率居然相差10倍之遥,效益自然也不会太理想,磨合了一段时间,觉得没有改善的可能性,就将工厂关闭了。

两家工厂的效率为什么有如此大的差距呢?是设备的先进程度不同,还是管理方法有差别呢?当然都不是,韩国本土工厂是20世纪80年代投入生产的,而与中国的合资厂却是在90年代建设起来的,设备比原来的还先进。工厂的主要管理层基本上是韩国人。恰好,刘永行遇到了那位曾在中国负责的韩国厂长。

怀着极大的好奇心,刘永行特意请教这位厂长:"为什么同样的设备、同样的管理,设在中国的工厂却需要雇用那么多员工呢?"那位厂长回答很含蓄:"也许是中国人做事落实不到位吧。"而正是这么一句轻描淡写的话,却让刘永行回国后彻夜难眠。他知道,当着一群中国企业家的面,那位厂长的话已经是十分客气了。在这句平淡的话背后,一定藏有许多难言之隐,一定有许许多多不为人知的管理问题。

做事落实不到位是中国企业的通病,是许多企业执行力不强的重要原因之一。因此,如何提升落实力是摆在每一位企业领导者面前的一项极其重要的任务。对一个单位的工作而言,没有落实,再完善的制度也是一纸空文,再正确的政策也不会发挥其应有的作用,再理想的目标也不会实现。落实不力是对企业的最大伤害,落实能力就是企业不可复制的竞争优势。任务布置下去不等于落实下去,要紧抓落实,不让任务在落实声中落空。

上海锦江饭店接到过一项紧急任务："由于气候恶劣，巴基斯坦哈克将军的专机难以在北京降落。经磋商，决定改由上海着陆。现在，专机正向上海飞来，两小时后到达，请立即做好迎接准备！"

任务已经明确，我们不妨看看上海锦江饭店是如何根据按时、保质、保量三项指标去圆满复命的。前后总共才两个小时，时间非常紧迫。但容不得一点儿马虎，绝不允许出现任何纰漏，该怎么保证圆满复命呢？

时任总经理任百尊同志一放下电话，第一件事就是组织接待班子。他召集精兵强将，召开紧急会议，指示所有准备工作都必须在两小时内完成。任总强调："大家听清楚了，两小时后车队就要到达上海，所以我们必须在120分钟之内完成准备工作——75套客房，100辆轿车组成的迎宾车队，供一二百人用膳的国宴——这一切的一切，都必须在两小时内按时、保质、保量地完成！"

离两小时还差10分钟时，任总开始检查。他先来到客房。只见客房的地上、四壁、平顶均一尘不染，床面整洁，毛毯平顺。他点了点头，又审视了一下床头的插花，只见那些花造型新奇、典雅大方。当检查完所有的客房，看到服务员各就各位，面带微笑，已经准备迎接贵宾时，任总满意地笑了。这时，厨师长也打来电话，向任总报告道："厨房一切准备就绪！"任总看了看表：距离120分钟还差5分钟。

当所有的工作都准备就绪时，任总接到上级的电话："国宾车队已到达淮海路与茂名路交叉口，两分钟后将进入客房。"将军入住饭店后，对饭店各方面的服务都表示"非常满意"。

仅仅用两个小时，要完成如此高规格的接待任务，对于任何一家饭店来说，都是一个极大的考验。如果没有良好的落实精神，如果没有每个人的高度执行力，要按时、保质、保量地完成这样高规格的接待任务，几乎是不可能的。作为一个企业，再伟大的目标与构想，再完美的操作方案，如果不能强有力地执行，最终也只能是纸上谈兵。要提高企业的执行力，首先要在落实上得以体现。只有比别人做得好，落实更到位，执行才能更有效果。

6．珍惜你的时间，今日事今日毕

珍惜时间就是珍惜生命，善用时间就等于掌握了自己的命运。把精力放在工作上，首先你就得正确地认识时间，对它作出正确的评价。对于任何人来说，时间都是一种非常宝贵的资源。如果缺少金钱、资本、学识，只要有时间就可以去补充，去努力就能得到自己想得到的。如果没有了时间，一切都是没有意义的，用什么办法都无法弥补。时间对于每个人来说都是极其宝贵的。每个人都要培养时间观念，珍惜时间。

有一个年轻人每天游手好闲、百无聊赖地过日子。这一天，他去拜访一位哲人，希望哲人能够给他的未来指明一条道路。哲人问他："你为什么来找我呢？"

年轻人回答道："我至今仍一无所有，恳请您给我指明一个方向，使我能够找到人生的价值。"

哲人摇了摇头，说："我感觉你和别人一样富有啊，因为每天时间老人也在你的'时间银行'里存下了 86 400 秒的时间。"

年轻人觉得很好笑，说："这有什么作用呢？它们既不可能助我获得别人的尊敬，取得举世瞩目的荣耀，也不可能帮助我拥有锦衣玉食的生活……"

哲人对年轻人的回答感到十分失望，断然打断了他的话语。

哲人问道:“难道你不认为它们珍贵吗?那你不妨去问一个刚刚延误乘机的旅客,一分钟值多少钱;你再去问一个刚刚死里逃生的‘幸运儿’,一秒钟值多少钱;最后,你去问一个刚刚与金牌失之交臂的运动员,一毫秒值多少钱?”听了哲人的这一番话,年轻人羞愧地低下了头。

哲人继续说道:“只要你明白了时间的珍贵,去发现一件自己想做的事情,那你脚下的路便会慢慢明朗起来。你想要的荣誉、成就、锦衣玉食就会自己找上门来。”

可见拥有时间就是拥有财富,珍惜时间就是珍惜生命。每个人每天都有 86 400 秒的时间可以支配,如果不去珍惜,时间就会像风一样从身边溜过,给日子留下一片苍白。只有懂得珍惜时间,善于利用时间,人生才会变得绚丽起来。

小李是某公司的一个部门主管,他这几天特别忙,因为他平时工作总喜欢把“不着急,还有时间”“明天再说吧”这些话放在嘴边,而现在老板要去国外公干,并且要在一个国际性的商务会议上发表演说。小李负责一些资料的搜集和整理,刚接到这个任务时,小李并没有着急,他想搜集资料是很简单的,又不像写东西那么复杂,就没有放在心上。

等到老板要出发的前一天,所有的主管都来送行,有人问小李:“你负责的资料整理好了没有?”

小李感觉很轻松地说:“不用那么着急,老板要坐好长时间的飞机,反正这段时间是空闲的,资料要等到下飞机才用,我一会儿就去整理,然后用传真发过去就行了。”

过了一会儿。老板来了,第一件事就是问小李:“你负责整理的资料和数据呢?”小李按照他的想法又跟老板说了一遍。老板听了他的回答,脸色大变:“怎么会这样?我已经计划好了,利用在飞机上的时间,和同行的顾问按照这些资料研究一下这次的议题,不能白白浪费这么好的时间啊!”

听到老板的话,小李脸色一片惨白。

要想成功，首先是珍惜时间，做到今日事今日毕。今天的工作今天必须完成，因为明天还会有新的工作。今天的事情拖到明天，只会让自己更被动，感觉头绪更乱、任务更重。很多年轻人在工作中逃避担当和责任，他们认为自己年轻，有的是时间和机会，现在不玩何时玩，努力和成功明天再说。把希望寄托在明天，如此，明天复明天，明天是何其多，真正到了迟暮之时，才发现自己蹉跎岁月，一无所获。要记住的是：要想成功，首先是珍惜时间。今天该做的事拖到明天完成，现在该打的电话等到一两个小时以后才打，这个月该完成的报表拖到下个月，这个季度该达到的进度要等到下一个季度。凡事都留待明天处理的态度就是拖延，这是一种"明日待明日"的工作习惯。如果你总是把问题留到明天去解决，那么明天就是你失败的日子。同样，如果你计划一切从明天开始，你也将失去成为成功者的机会。明天不过是你懒惰和恐惧的借口。

在众多的企业中，海尔就是当日事当日毕的一个典型代表。海尔的日清管理法也叫做"OEC 管理法"，就是全面地对每人、每天所做的每件事进行控制和清理，"日事日毕，日清日高"。今天的工作必须今天完成，今天完成的事情必须比昨天有质的提高，明天的目标必须比今天更高才行。海尔的每个员工都有一张"三 E 卡"，所谓"三 E 卡"，就是每天、每件事、每个人、每个员工干完今天的工作后，必须要填写这张卡片，填写完之后，他的收入就跟这张卡片直接挂钩。这张日清卡，使海尔把整个的工作、大目标分解落实到每个人身上。

举例来说，崔淑立是海尔洗衣机海外产品经理。崔淑立接手美国市场时，大家都认为拿下美国的客户罗伯特先生非常难！因为多位产品经理都没能打动罗伯特先生。真这么难吗？崔淑立不信。这天，崔淑立一上班就看到了罗伯特先生发来的要求设计洗衣机新外观的邮件。因时差 12 个小时，此时正是美国的晚上，崔淑立很后悔，如果能即时回复，客户就不用再等到第二天了！从这天起，崔淑立决定以后晚上过了 11 点再下班，这就意味着可以在当地上午的时间里处理完客户的所有信息。三天过去了，"夜半日清"让崔淑立与客户能及时沟通，开发部很快完成了新外观洗衣机的设计图。就在决定把图样发给客户时，崔淑立认为还必须配上整机图，以免影响确认。当她逼着自己和同事们完成“日清”——整机外观图并发给客户时，已经是晚上12点了。大约凌晨1点，崔淑立回到家，立刻打开家中电脑，当她看到客户的回复：“产品非常有吸引力，这就是美国人喜欢的。”她顿时高兴得睡意全无，为自己的“夜半日清”有效果而兴奋不已！样机推进中，崔淑立常常半夜醒来打开电脑看邮件，可以回复的就即时给客户答复。美国那边的客户完全被崔淑立的精神打动了，推进速度更快了，罗伯特先生第一批订单终于敲定了！其实，市场没变，客户没变，拿大订单的难度没变，变的只是一个有竞争力的人——崔淑立。崔淑立完全有理由说：“有时差，我没法当天处理客户邮件。”但她只认目标，不说理由！为什么？崔淑立说：“因为，我从中感受到的是自我经营的快乐！有时差，也要日清！”

任何工作如果没有时间限定，就如同开了一张空头支票。只有懂得用时间给自己压力，到时才能完成。只要我们在工作中努力去做到“当日事当日毕”，每天都坚持完成当日的工作，我们就会发现不仅会按时完成任务，而且心理上会感觉很轻松。

凡是成功的职场人士，都是有效利用时间、珍惜时间的人，他们坚信每一分钟都具有其价值。做好合理的时间安排，充分利用自己的时间，是提高工作效率，提升工作价值的重要方法。瑞士著名教育家裴斯泰洛齐说：“今天应做的事没有做，明天再早也是耽误了。”也许对于个人来说，一天的时间算不了什么，但是对于团队，对于企业，对于国家来讲，耽误的就不仅仅是时间了。因此，别把什么都留给以后，留给明天。现在就干起来，以后才不会后悔。所以，今天的工作今天要完成，成功从今天开始。